Paul Bachmann

Das Fermatproblem

in seiner bisherigen Entwicklung

Reprint

Springer-Verlag

Berlin Heidelberg New York 1976

Softcover reprint of the hardcover 1st edition 1976

ISBN 978-3-540-07660-5   ISBN 978-3-642-81025-1 (eBook)
DOI 10.1007/978-3-642-81025-1

Lizenzausgabe mit freundlicher Genehmigung
des Verlages Walter de Gruyter & Co. Berlin New York

Herstellung: fotokop wilhelm weihert kg Darmstadt

Das Fermatproblem

in seiner bisherigen Entwicklung

dargestellt von

Prof. Dr. Paul Bachmann

Berlin und Leipzig 1919
Vereinigung wissenschaftlicher Verleger
Walter de Gruyter & Co.
vormals G. J. Göschen'sche Verlagshandlung :: J. Guttentag, Verlags-
buchhandlung :: Georg Reimer :: Karl J. Trübner :: Veit & Comp.

FELIX KLEIN

zum fünfzigjährigen Doktorjubiläum

in Verehrung gewidmet

Vorwort

Der Gegenstand dieses Werkes hat in neuer Zeit, nicht eben aus den lautersten Beweggründen, in weiten Kreisen großen Anteil erweckt, hat aber auch für den ernsten Forscher ungewöhnlich bedeutendes geschichtliches wie wissenschaftliches Interesse. Der Verfasser hofft daher, daß sein Buch freundliche Aufnahme finden werde. Er schrieb es in der schmerzlichsten Zeit, die Deutschland jemals erlebte, zur eigenen Stärkung, zum Trotz wider den Feind, zu einem Zeichen, daß deutsche Wissenschaft seinem rachsüchtigen Vernichtungswillen unbezwinglich widersteht. Ist doch gerade in der Zahlentheorie die Vorherrschaft Deutschlands unbestritten über alle Länder der Welt; und sie hat sich auch an dem Probleme bewährt, dem diese Blätter gewidmet sind, und dessen wichtigste Fortschritte deutschen Forschern zu danken sind. So möge denn dies Büchlein, wie es dem Verfasser zum Troste gedient, dem deutschen Leser gleichermaßen zur Freude, der Wissenschaft selber aber, wenn möglich, zur Förderung gereichen!

Weimar, November 1918.

Inhaltsverzeichnis

Pierre Fermat, unstreitig der größte französische Mathematiker
des 17. Jahrhunderts und zugleich, nach dem Urteil seiner Zeitgenossen[1], ein ganz ungewöhnlich reiches und vielseitiges Genie, hat
mit einer großen Fülle arithmetischer Sätze, die er aufgestellt hat,
meist ohne ihren Beweis mitzuteilen, und arithmetischer Aufgaben,
die er seinen Zeitgenossen zur Lösung vorgelegt, sowie Methoden,
welche zur Lösung derartiger Aufgaben geeignet seien, der zahlentheoretischen Forschung einen so wichtigen Antrieb gegeben, daß er
füglich als der Urheber der höheren Arithmetik unserer Zeit angesehen
werden kann. In der Tat ist aus den Bemühungen späterer Forscher,
die Rätsel seiner Angaben zu lösen, die heutige Zahlentheorie erst
erwachsen. Unter jenen Sätzen hat besonders einer, nämlich der
Satz, daß die Gleichung

$$(1) \qquad x^n + y^n = z^n$$

für $n > 2$ in ganzen Zahlen x, y, z unlösbar sei, von dem
Fermat angibt, einen „wunderbaren" Beweis zu besitzen, eine große
Bedeutung erlangt, da die größten Mathematiker nach Fermat, wie
Euler, Legendre, Gauss, Dirichlet, Kummer und andere,
neuerdings eine Unzahl unberufener mathematischer Dilettanten sich
vergeblich bemüht haben, seine Behauptung vollständig zu begründen.
So ist eine ganze auf ihn bezügliche Literatur entstanden, deren Er-
gebnisse zum Teil auch unabhängig von ihm einen Wert und wissen-

---

[1] Kein Geringerer als Pascal nennt ihn — freilich in einem an Fermat
selbst gerichteten Briefe vom 10. 8. 1660 — celui de toute l'Europe, que je tiens
pour le plus grand géomètre, und schreibt sogar ferner: vos enfants, qui
portent le nom du premier homme du monde.

Bachmann, Das Fermatproblem. 1

schaftliches Interesse besitzen. Ich habe es unternommen, diese gesamte Forschung sowohl nach den Methoden, die sie befolgt, als nach dem geschichtlichen Gange, den sie genommen hat, soweit ihren Ergebnissen wirklich wissenschaftliche Bedeutung zuerkannt werden kann, in ihren wesentlichen Zügen hier zur Darstellung zu bringen. Es konnte mir hierbei nicht beikommen, die Unmasse verfehlter Beweisversuche in Betracht zu ziehen, mit denen neuerdings aus Anlaß des Wolffskehl-Preises die mathematische Literatur überschwemmt worden ist; denn auch von der übrigen bezüglichen Literatur konnte ich das nur bei meiner Darstellung berücksichtigen, was wirklich dazu gedient hat, die Lösung des Fermatproblems oder nahe damit verwandter oder verbundener ähnlicher Aufgaben zu fördern. Da ferner dies Buch nicht nur für den Zahlentheoretiker, sondern für das Interesse weiterer mathematischer Kreise, insbesondere für Studierende bestimmt ist, durften zu weitgehende zahlentheoretische Kenntnisse nicht vorausgesetzt, und mußte deshalb an manchen Stellen nur andeutungsweise verfahren und der Leser nur auf die Originalarbeiten verwiesen werden. Man findet einen großen Teil der einschlägigen Literaturangaben in einer kleinen Schrift von Benno Lind, in den Abh. zur Geschichte der math. Wissenschaften von M. Cantor, Heft 26, 2. —

---

1. Im Jahre 1670 veröffentlichte der Sohn Pierre Fermats, Samuel Fermat, eine Ausgabe des Diophant unter dem Titel: Diophanti Alexandrini arithmeticorum libri sex et de numeris multangulis liber unus, cum commentariis C. G. Bacheti et observationibus D. P. de Fermat, senatoris Tolosani. In diesem Werk findet sich bei der Diophantischen Aufgabe, eine Quadratzahl in die Summe zweier Quadratzahlen zu zerlegen, die Fermatsche Bemerkung:

Cubum autem in duos cubos, aut quadrato-quadratum in duos quadrato-quadratos, et generaliter nullam in infinitum ultra quadratum potestatem in duas ejusdem nominis fas est dividere; cujus rei demonstrationem mirabilem sane detexi. Hanc marginis exiguitas non caperet.

Man kann gegenwärtig Zweifel hegen, ob Fermat sich über die Beweiskraft seiner Schlüsse nicht getäuscht haben mag; an der Wahrhaftigkeit seiner Aussage darf man es nicht. In einem Briefe an

Frénicle[1] erklärt er: car par avance je vous avertis que, comme je ne suis pas capable de m'attribuer plus que je ne sais, je dis avec même franchise ce que je ne sais pas. Und seine (bekanntlich nicht zutreffende) Aussage, daß jede Zahl von der Form $2^{2^k} + 1$ eine Primzahl sei, von der er schreibt[2]: c'est que je suis persuadé, begleitet er mit den Worten: Je n'en ai pas la démonstration exacte, und gibt damit einen gültigen Beleg für die im vorigen Zitat ausgesprochene Gesinnung. Aber es bleibt zu bedauern, wie es verwunderlich ist, daß Fermat den „gewiß wunderbaren" Beweis seiner Behauptung auch nirgend anderwärts, soweit ersichtlich ist, niedergeschrieben, oder auch in seinem ausgebreiteten wissenschaftlichen Briefwechsel niemals sonst erwähnt hat.

Dagegen hat er sich in einem Briefe an Carcavi[3] sehr ausführlich über eine Methode ausgesprochen, die er descente infinie ou indéfinie nennt, und welche er mit Erfolg bei der Behandlung derartiger Aussagen verwendet habe, und weist auf eine derselben hin, von der wir gleich weiter unten zu handeln haben werden. Es ist wohl anzunehmen, daß ihn diese Methode auch beim Beweise des Satzes seiner Randbemerkung geleitet haben wird. In dieser Annahme bestärkt uns eine weitere Stelle desselben Briefes. Nachdem Fermat darin erwähnt, wie er gelernt habe, seine Methode, die er zunächst nur zum Beweise negativer Aussagen verwendet habe, auch für affirmative Sätze zu gebrauchen, fährt er fort: J'ai ensuite considéré certaines questions qui, bien que négatives, ne restent pas de recevoir très grande difficulté, la méthode pour y pratiquer la descente étant tout à fait diverse ... und als eine dieser Fragen nennt er auch die Frage nach der Auflösbarkeit der Gleichung $x^3 + y^3 = z^3$. Dies ist so ziemlich die einzige Stelle, wo Fermat noch einmal, wenigstens auf einen besonderen Fall seines allgemeinen Satzes zurückkommt, aber sie gibt nicht den geringsten Anhalt über den Ansatz seines Beweises, noch über die Richtung, in welcher die descente infinie dabei zur Anwendung gekommen sein mag.

---

[1] Correspondance de Fermat in Œuvres de Fermat, ed. P. Tannery et Ch. Henry, t. II, p. 207.

[2] Ebendas. p. 205.

[3] Ebendas. p. 431.

2. Als ein vollständig ausgeführtes Beispiel zur Erläuterung der Methode der descente infinie kann die schon eben erwähnte Aussage dienen, welche die 45te der Randbemerkungen zum Diophant enthält. Ihr Wortlaut ist der folgende:

L'aire d'un triangle rectangle en nombres ne peut être un carré. Je vais donner la démonstration de ce théorême que j'ai découvert, je ne l'ai pas trouvé au reste sans une pénible et laborieuse méditation, mais ce genre de démonstration conduira à des progrès merveilleuses dans la science des nombres. — Si l'aire d'un triangle était un carré, il y aurait 2 bicarrés dont la différence serait un carré; il s'ensuit qu'on aurait également deux carrés, dont la somme et la différence seraient des carrés. Par conséquent on aurait un nombre carré, somme d'un carré et du double d'un carré, avec la condition que la somme des deux carrés qui servent à le composer soit également un carré. Mais si un nombre est somme d'un carré et du double d'un carré, sa racine est également somme d'un carré et du double d'un carré, ce que je puis preuver sans difficulté. On conclura de là que cette racine est la somme des deux côtés de l'angle droit d'un triangle rectangle, dont l'un des carrés composant formera la base et le double de l'autre carré la hauteur. Ce triangle rectangle sera donc formé par deux nombres carrés, dont la somme et la différence seront des carrés. Mais on prouvera, que la somme de ces deux carrés est plus petite que celle des deux premiers, dont on a également supposé que la somme et la différence soient des carrés. Donc si on donne deux carrés dont la somme et la différence soient des carrés, on donne par là même en nombres entiers deux carrés jouissant de la même propriété et dont la somme est inférieure. Par le même raisonnement on aura ensuite une autre somme plus petite que celle déduite de la première, et en continuant indéfiniment on trouvera toujours des nombres entiers de plus en plus petits satisfaisant aux mêmes conditions. Mais cela est impossible, puisqu'un nombre entier étant donné il ne peut y avoir une infinité de nombres entiers qui soient plus petits.... Par le même procédé j'ai decouvert et démontré, qu'il n'y a aucun nombre triangulaire, sauf l'umité, qui soit un bicarré.

Wir wollen zunächst diesen Fermatschen Beweis mit **Legendre**[1]

---

[1] Essai sur la th. des nombres, 2. éd. p. 340

in die moderne mathematische Zeichensprache übertragen und in folgendem wiedergeben.

Seien x, y die Maßzahlen der Katheten, z diejenige der Hypotenuse des rechtwinkligen Dreiecks, so daß die Gleichung besteht

$$x^2 + y^2 = z^2.$$

Hier darf ein etwaiger gemeinsamer Teiler von x, y, z unterdrückt werden, weil dadurch die Maßzahl für den Inhalt des Dreiecks nur einen quadratischen Faktor verlöre, also, wenn sie eine Quadratzahl wäre, es immer auch noch verbliebe. Alsdann sind x, y, z zu je zweien teilerfremde Zahlen und eine der Zahlen x, y gerade, die andere ungerade, da sonst die Quadratzahl $z^2 \equiv 2$ (mod. 4) würde, was nicht angeht. Es treten also die sogenannten indischen Formeln für Pythagoreische Dreiecke in Kraft, denen zufolge etwa

$$x = 2\,mn, \qquad y = m^2 - n^2, \qquad z = m^2 + n^2$$

ist, unter m, n ganze, teilerfremde und (mod. 2) inkongruente Zahlen verstanden. Der Inhalt des Dreiecks wird so gleich

$$mn \cdot (m^2 - n^2).$$

Soll er eine Quadratzahl sein, so müssen die Faktoren, da sie teilerfremd sind, jeder für sich eine Quadratzahl sein, also

$$m = a^2, \qquad n = b^2, \qquad a^4 - b^4 = c^2,$$

d. i.

$$(a^2 - b^2) \cdot (a^2 + b^2) = c^2.$$

Aber auch hier sind die Faktoren teilerfremde Zahlen, also muß wieder

$$(2) \qquad a^2 - b^2 = p^2, \qquad a^2 + b^2 = q^2,$$

also

$$(3) \qquad p^2 + 2 b^2 = q^2,$$

p und q aber teilerfremde, ungerade Zahlen sein.

Hier greift nun in den weiteren Beweisgang die Theorie der quadratischen Formen oder die des quadratischen Zahlenkörpers ein. Unter dem aus $\sqrt{-2}$ gebildeten Zahlenkörper versteht man bekanntlich die Gesamtheit der Zahlen, die aus $\sqrt{-2}$ und ganzen Zahlen durch rationale Operationen entstehen; seine algebraisch ganzen Zahlen sind $u + v\sqrt{-2}$ mit ganzzahligen u, v, und für sie gilt das Gesetz der eindeutigen Zerlegbarkeit in einfachste oder Primfaktoren von derselben Form. Da nun in Gleichung (3), wenn ihr die Gestalt

$$(3\,\text{a}) \qquad \left(p + b\sqrt{-2}\right)\left(p - b\sqrt{-2}\right) = q^2$$

gegeben wird, die Faktoren, wie leicht zu sehen, keinen gemeinsamen Faktor jener Form besitzen, so müssen sie jeder für sich das Quadrat einer solchen Zahl sein, also etwa

$$p + b\sqrt{-2} = \left(r + s\sqrt{-2}\right)^2 ,$$

folglich

$$p = r^2 - 2s^2, \quad b = 2rs,$$

r, s teilerfremd, r ungerade sein. Aus Gleichung (2) aber folgt dann

$$a^2 = p^2 + b^2 = r^4 + 4s^4,$$

d. h. das Vorhandensein eines andern Pythagoreischen Dreiecks mit den Katheten r^2, $2s^2$, dessen Inhalt also gleich $r^2 s^2$, d. i. eine Quadratzahl wäre, aber mit wesentlich kleineren Katheten, als das ursprünglich angenommene. Aus ihm ergäbe sich in gleicher Weise wieder ein neues solches Dreieck mit noch kleineren Seiten usw. ohne Ende, was doch, da die Seiten ganzzahlige Werte haben, unsinnig ist. Daher kann es überhaupt ein Dreieck von der angegebenen Art nicht geben.

3. Durch diese Betrachtung ist zugleich der Nachweis geliefert, daß es unmöglich ist, die Gleichung

$$(4) \qquad x^4 - y^4 = z^2$$

in ganzen Zahlen x, y, z zu lösen. Denn gäbe es eine solche Lösung $x = a$, $y = b$, $z = c$, so dürfte man a, b, c zu je zweien teilerfremd voraussetzen; von den Zahlen a, b wäre also eine gerade, die andere ungerade, wenn sie nicht beide ungerade sind. Im ersteren Falle erhielte man aber eine Gleichung

$$(5) \qquad a^4 - b^4 = c^2$$

von derselben Beschaffenheit wie in voriger Nummer, deren Bestehen durch die Schlüsse derselben als unmöglich erwiesen ist. Im zweiten Falle würde c eine gerade Zahl sein; wenn dann die Gleichung in der Gestalt

$$b^4 + c^2 = a^4$$

genommen wird, so ergibt sich nach den indischen Formeln

$$b^2 = m^2 - n^2, \quad c = 2mn, \quad a^2 = m^2 + n^2,$$

also

$$m^4 - n^4 = (a\,b)^2,$$

wo nun m, n teilerfremde, (mod. 2) inkongruente Zahlen sind, die Gleichung also von derselben Beschaffenheit und deshalb ebenso unzulässig ist, wie die Gleichung (5). —

In gleicher Weise führt eine descente infinie zu dem Nachweise, daß auch die Summe zweier Biquadrate keine Quadratzahl sein kann. Dies hat zuerst L. Euler[1] gezeigt, nach ihm Legendre. Angenommen nämlich, es sei

$$(6) \qquad\qquad x^4 + y^4 = z^2,$$

so dürften wieder x, y, z als zu zweien teilerfremd vorausgesetzt werden, also müßte von den Zahlen x, y eine gerade, die andere ungerade sein, da, wenn beide ungerade wären, z gerade würde und sich die unmögliche Kongruenz $2 \equiv o$ (mod. 4) herausstellte. Demnach muß nach den indischen Formeln etwa

$$x^2 = 2mn, \quad y^2 = m^2 - n^2, \quad z = m^2 + n^2$$

sein, unter m, n zwei teilerfremde, ungleichartige Zahlen verstanden, und zwar muß m die ungerade, n die gerade Zahl sein, da sonst $y^2 \equiv -1$ (mod. 4) wäre, was unmöglich ist. Setzt man daher $n = 2n'$, so daß

$$x^2 = 4mn'$$

wird, so müssen die Faktoren einzeln Quadratzahlen, also

$$m = \alpha^2, \quad n' = \beta^2, \quad n = 2\beta^2$$

und

$$\alpha^4 - 4\beta^4 = y^2 \quad \text{oder} \quad y^2 + 4\beta^4 = \alpha^4$$

sein, daher nach den indischen Formeln

$$\beta^2 = \mu\nu, \quad y = \mu^2 - \nu^2, \quad \alpha^2 = \mu^2 + \nu^2$$

---

[1] **Euler**, Theorematum quorundam arithmeticorum demonstrationes, Comment. arithm. coll. I, p. 26 (1738). **Legendre**, Essai sur la théorie des nombres (1798), 2. éd. (1808) p. 343.

mit teilerfremden μ, ν. Der ersten dieser Gleichungen zufolge müssen diese Zahlen einzeln Quadratzahlen sein, also etwa

$$\mu = \xi^2, \quad \nu = \eta^2,$$

wodurch dann die letzte der Gleichungen in

$$\xi^4 + \eta^4 = \alpha^2$$

übergeht. Besteht also die Gleichung (6), so ergibt sich eine Gleichung derselben Gestalt, aber in offenbar kleineren ganzen Zahlen; also aus dieser aufs neue eine solche in noch kleineren ganzen Zahlen usw., was wieder auf eine Unsinnigkeit hinausläuft. —

4. Aus den beiden Sätzen der vorigen Nummer hat Euler noch eine größere Reihe ähnlicher Sätze gefolgert, und unter anderm gezeigt, daß die Ausdrücke

$$x^4 + 4y^4, \quad x^4 - 4y^4, \quad 4x^4 - y^4, \quad x^4 + 2y^4$$
$$2x^4 + 2y^4, \quad 2x^4 - 2y^4$$

keine Quadratzahl sein können; allgemeiner gilt dies für die Ausdrücke

$$m x^4 \pm m^3 y^4, \quad 2m x^4 \pm 2m^3 y^4,$$

worin m eine ganze Zahl, und in denen alle vorigen als spezielle Fälle enthalten sind. Dagegen hat die Gleichung

$$x^4 - 2y^4 = z^2$$

unendlich viel Auflösungen in ganzen Zahlen[1]. Auch bewies Euler in einfacher Weise noch den Satz, welchen Fermat am Schlusse seiner 45ten Randbemerkung erwähnt, und seinerseits mit einer descente infinie gewonnen zu haben scheint, daß nämlich eine Trigonalzahl $\dfrac{x(x+1)}{2}$ niemals eine Biquadratzahl sein kann, außer für $x = 1$. Denn wäre sie es, so müßten die offenbar teilerfremden Faktoren für sich es sein, also
wenn x gerade:

$$\frac{x}{2} = y^4, \quad x + 1 = z^4, \quad 2y^4 + 1 = z^4,$$

---

[1] Euler, a. a. O. p. 30; später auch in seiner Algebra (1770); französ. Übersetzung (1774), 2. édition (1798) t. II, Chap. 13. S. auch Legendre, Essai sur la th. des nombres, 2. éd. p. 343/5; verschiedene andere Fälle unmöglicher Gleichungen von der Form $a x^4 + b y^4 = z^2$ hat Pepin gegeben, Comptes Rendus de l'Acad. de Paris, 78, p. 144; 91, p. 100; 94, p. 122.

wenn x ungerade:

$$\frac{x+1}{2} = y^4, \qquad x = z^4, \quad 2y^4 - 1 = z^4,$$

und demnach

$$2z^4 \mp 2 = 4y^4,$$

d. i. gleich einer Quadratzahl sein, was den obigen Sätzen zuwider.

Endlich beweist Euler in der gleichen Abhandlung mittels einer descente infinie den Satz, daß der Ausdruck $x^3 + 1$ für keinen rationalen Wert von x, ausgenommen $x = -1, 0, 2$ eine Quadratzahl sein kann. Ohne Hilfe dieser Methode läßt sich dies aus seiner eigentlichen Quelle, der Theorie des aus $\sqrt{-3}$ gebildeten Zahlenkörpers, auf folgende Weise erlangen. Angenommen, für $x = \dfrac{a}{b}$ mit teilerfremden a, b sei der Ausdruck eine Quadratzahl, so müßte auch $b(a^3 + b^3)$ eine solche sein. Es wäre dann $b(a+b)(a^2 - ab + b^2)$, oder, wenn

$$a + b = c$$

gesetzt wird, der Ausdruck

$$b \cdot c \cdot (c^2 - 3cb + 3b^2)$$

ein Quadrat. Hier dürfen b, c positiv gedacht werden und sind teilerfremd, infolgedessen ist auch der dritte Faktor zu b teilerfremd, desgleichen auch zu c, sobald c durch 3 nicht teilbar ist. In diesem Falle müßte also jeder Faktor für sich eine Quadratzahl sein, insbesondere also

$$(7) \qquad c^2 - 3cb + 3b^2 = q^2.$$

Wenn aber c durch 3 aufgeht, $c = 3c'$, so wird der dritte Faktor

$$3(3c'^2 - 3c'b + b^2)$$

und das Produkt

$$b \cdot c \cdot (c^2 - 3cb + 3b^2) = 3^2 \cdot bc'(3c'^2 - 3c'b + b^2),$$

also

$$bc' \cdot (3c'^2 - 3c'b + b^2)$$

ein Quadrat. Entweder ist nun c' also auch c gleich Null, also $a = -b$, d. i., da sie teilerfremd sein sollen, $a = \pm 1$, $b = \mp 1$; was die Lösung $x = -1$ der Aufgabe ergibt. Oder aber es folgt, da jetzt die Faktoren wieder teilerfremd sind, weil c', b es sein müssen, eine Gleichung

$$3c'^2 - 3c'b + b^2 = q'^2$$

von genau derselben Gestalt, wie Gleichung (7), so daß, da jetzt b durch 3 nicht teilbar ist, es genügt, die Unmöglichkeit der letzteren zu erweisen unter der Voraussetzung eines durch 3 nicht teilbaren c. Man schreibe sie in der Gestalt

$$(2c - 3b)^2 + 3b^2 = (2q)^2$$

oder

$$(8) \qquad (2c - 3b + b\sqrt{-3})(2c - 3b - b\sqrt{-3}) = (2q)^2.$$

Ist $q = 1$, so hat die Gleichung, da b positiv gedacht werden kann, nur die eine zulässige Lösung $b = 1$, $c = 1$, also $a = 0$, $z = 0$. Entsprechend gäbe der Fall eines durch 3 teilbaren c nur die eine Lösung $c' = 1$, also $c = 3$ und $b = 1$, also $a = 2$, $z = 2$. Sei aber jetzt $q > 1$ und zunächst b ungerade. Da c nicht durch 3 aufgeht, haben die Faktoren zur Linken in (8) keinen gemeinsamen Teiler. Nun sind die ganzen Zahlen des aus $\sqrt{-3}$ gebildeten Zahlenkörpers von der Form $\dfrac{\alpha + \beta\sqrt{-3}}{2}$ mit (mod. 2) kongruenten ganzen Zahlen α, β, und sie gehorchen dem Gesetze der eindeutigen Zerlegbarkeit in Primzahlen dieses Körpers. Besteht daher eine Gleichung wie (8) mit teilerfremden Faktoren, so muß jeder Faktor für sich ein Quadrat sein, also etwa

$$2c - 3b + b\sqrt{-3} = \left(\frac{\alpha + \beta\sqrt{-3}}{2}\right)^2 = \frac{\alpha^2 - 3\beta^2}{4} + \frac{2\alpha\beta\sqrt{-3}}{4}.$$

Die Brüche können nur dann ganzzahlig sein, wenn α, β gerade sind; sei also $\alpha = 2\gamma$, $\beta = 2\delta$, so kommt

$$2c - 3b = \gamma^2 - 3\delta^2, \quad b = 2\gamma\delta,$$

welch letztere Gleichung mit der Voraussetzung eines ungeraden b unverträglich ist.

Im Falle eines geraden b, also ungeraden c, schreibe man die Gleichung (7) in der Gestalt:

$$c^2 + 3(2b - c)^2 = (2q)^2$$

oder

$$(c + (2b - c)\sqrt{-3})(c - (2b - c)\sqrt{-3}) = (2q)^2,$$

worin die Faktoren, da c nicht durch 3 teilbar und ungerade ist, teilerfremd sind. Ganz durch dieselben Schlüsse wie zuvor findet man dann Gleichungen von der Gestalt

$$c = \gamma^2 - 3\delta^2, \quad 2b - c = 2\gamma\delta,$$

welch letztere wieder nicht zulässig ist. In jedem Falle ist also die Gleichung (7) bis auf die Werte $z = -1, 0, 2$ unmöglich. —

Die allgemeinere Gleichung

$$x^{2n} + y^{2n} = z^2$$

hat Lebesgue behandelt und auf die Fermatsche Gleichung zurückgeführt[1]. Für ein gerades $n = 2n'$ findet sie, wenn $x^{n'} = x'$, $y^{n'} = y'$ gesetzt wird, also

$$x'^4 + y'^4 = z^2$$

sein soll, sich nach dem schon Bewiesenen unmöglich. Sei also jetzt n ungerade. Die Zahlen x, y, z dürfen zu je zweien teilerfremd vorausgesetzt werden, also können x, y nicht beide gerade sein, aber auch nicht beide ungerade, da sonst z gerade sein müßte und die Gleichung als Kongruenz (mod. 4) unmöglich wäre. Daher sei etwa $x = 2^\alpha \cdot u$ gerade, u, y, z ungerade. Dann käme

$$(2^\alpha u)^{2n} = (z - y^n)(z + y^n),$$

beide Faktoren rechts wären gerade, aber einer nur durch 2 teilbar, da ihre Summe $2z$ es ist; man erhielte also Gleichungen von der Form

$$2^{2an-1} \cdot p^{2n} = z \pm y^n, \quad 2q^{2n} = z \mp y^n,$$

wo p, q zwei teilerfremde ganze Zahlen bedeuten, und hieraus

$$2^{2an-2} \cdot p^{2n} - q^{2n} = (\pm y)^n,$$

also wiederum

$$2^{an-1} \cdot p^n + q^n = r^n, \quad 2^{an-1} \cdot p^n - q^n = s^n$$

mit relativ primen ganzen Zahlen r, s, also endlich

$$(2^\alpha p)^n = r^n + s^n.$$

Die Frage, ob die Gleichung von Lebesgue möglich oder unmöglich ist, wird hierdurch also auf die Frage nach der Lösbarkeit der Fermatschen Gleichung zurückgeführt und durch ihre Beantwortung zugleich entschieden.

---

[1] Journ. des Mathém. 5 (1840), p. 184.

5. Aus dem Satz über die Summe zweier Biquadrate folgt nun sofort die Richtigkeit des Fermatschen Theorems im Falle der Biquadrate, d. h. für den Fall $n = 4$.

Denn, gäbe es Zahlen x, y, z der Art, daß

$$(9) \qquad x^4 + y^4 = z^4$$

wäre, so wäre eben auch

$$x^4 + y^4 = (z^2)^2,$$

was jenem Satze widerspricht. Man schließt sogar noch seine Gültigkeit für den Fall $n = 2^k$, $k \gtreqless 2$; denn, hätte die Gleichung

$$x^{2^k} + y^{2^k} = z^{2^k}$$

eine ganzzahlige Auflösung $x = a$, $y = b$, $z = c$, so wäre

$$x = a^{2^{k-2}}, \qquad y = b^{2^{k-2}}, \qquad z = c^{2^{k-2}}$$

eine Lösung der Gleichung (9), die doch keine solche besitzen kann. Ist nun aber n keine Potenz von 2, so ist es durch mindestens eine ungerade Primzahl p teilbar, $n = p \cdot n'$. Hätte dann die Gleichung

$$(10) \qquad x^n + y^n = z^n$$

eine ganzzahlige Auflösung $x = a$, $y = b$, $z = c$, so wäre $x = a^{n'}$, $y = b^{n'}$, $z = c^{n'}$ eine ganzzahlige Auflösung der Gleichung

$$(11) \qquad x^p + y^p = z^p;$$

wenn daher gezeigt wird, daß diese überhaupt in ganzen Zahlen unlösbar ist, so kann auch (10) keine ganzzahlige Lösung besitzen. Es wird daher, um die Fermatsche Behauptung allgemein zu beweisen, genügen, zu zeigen, daß sie für jeden ungeraden Primzahlexponenten zutrifft, mit andern Worten, daß die Gleichung (11), wenn p eine ungerade Primzahl bedeutet, in ganzen Zahlen unmöglich ist.

Schafft man das Glied zur Rechten nach links und schreibt dann z statt $- z$, so nimmt die Gleichung die Form an

$$(12) \qquad x^p + y^p + z^p = 0,$$

in der sie sich besser empfiehlt, da x, y, z dann in gleicher Weise erscheinen. Diese Zahlen können immer zu je zweien teilerfremd vorausgesetzt werden, da, wenn zwei einen gemeinsamen Teiler hätten, er auch in der dritten aufgehen müßte, also aus der Gleichung fortgehoben werden könnte. Nun betrachten wir unter der Voraussetzung teilerfremder y, x den Ausdruck

$$y^p + x^p .$$

Da er algebraisch durch $y + x$ teilbar ist, setzen wir ihn in die Gestalt eines Produktes zweier Faktoren:

$$(y + x), \quad \frac{y^p + x^p}{y + x} ,$$

deren zweiter, wenn

$$(13) \qquad y + x = s$$

gesetzt wird, die Form annimmt

$$\frac{(s - x)^p + x^p}{s} = s^{p-1} - \binom{p}{1} s^{p-2} \cdot x + \binom{p}{2} s^{p-3} x^2 - \cdots$$
$$+ \binom{p}{p-1} \cdot x^{p-1} .$$

Ihr zufolge kann er mit dem ersten Faktor nur dann einen gemeinsamen Primteiler π haben, wenn dieser in $p \cdot x^{p-1}$ aufgeht; da nun s und x keinen solchen haben, da er sonst wegen (13) auch in y aufginge gegen Voraussetzung, so kann nur dann ein Primfaktor von $s = y + x$ in $\dfrac{y^p + x^p}{y + x}$ aufgehen, wenn er gleich p ist. Ist daher $y + x = s$ nicht durch p teilbar, so sind die beiden Faktoren des Produkts teilerfremd; ist aber $y + x = s$ teilbar durch p, so wird auch der zweite Faktor durch p teilbar sein, aber nur durch die erste Potenz von p, wie sogleich ersichtlich, wenn man ihn schreibt, wie folgt:

$$p \cdot \left[x^{p-1} - \frac{p-1}{1 \cdot 2} x^{p-2} \cdot s + \cdots - s^{p-2} \cdot x \right] + s^{p-1} ,$$

wo die Klammer den Faktor p nicht mehr besitzt, s^{p-1} aber mindestens durch p^{p-1} teilbar ist. Da nun der Gleichung (12) zufolge das Produkt der beiden Faktoren eine p^{te} Potenz, nämlich gleich $(-x)^p$ sein müßte, so fände sich im ersten Falle notwendig

$$(14) \qquad y + x = u^p , \quad \frac{y^p + x^p}{y + x} = v^p , \quad x = -uv ,$$

wo u, v zwei teilerfremde, durch p nicht teilbare Zahlen bedeuten, im zweiten Falle aber ebenso

$$(15) \qquad y + x = p^{mp-1} \cdot u^p , \quad \frac{y^p + x^p}{y + x} = p \cdot v^p , \quad x = -p^m \cdot uv ,$$

worin m eine positive ganze Zahl, u, v aber wieder zwei teilerfremde, durch p nicht teilbare Zahlen bedeuten. Von diesen Zahlen läßt v noch eine genauere Bestimmung zu. Der Formel

$$\frac{y^p + z^p}{y + z} = y^{p-1} - y^{p-2}\cdot z + y^{p-3}\cdot z^2 - \cdots - y z^{p-2} + z^{p-1} \; .$$

zufolge besteht der Ausdruck aus einer ungeraden Anzahl ungerader Zahlen, wenn beide Zahlen y, z ungerade sind; ist aber eine gerade, also die andere ungerade, so ist nur ein einziges Glied desselben ungerade; demgemäß muß die Zahl v in den Formeln (14), (15) ungerade sein; zudem ist sie positiv, da der Ausdruck $\dfrac{y^p + z^p}{y + z}$ aus konjugiert imaginären Faktoren zusammengesetzt ist. Eine in v aufgehende, also von p verschiedene Primzahl π kann aber weder in y noch in z aufgehen, da sie sonst dem eben betrachteten Ausdrucke zufolge auch in z bzw. y aufginge, gegen die Voraussetzungen. Da aber $y^p + z^p \equiv 0$ (mod. π) ist, würde, wenn $\eta y \equiv -1$, $\zeta \equiv \eta z$ gewählt wird, $\zeta^p \equiv 1$ sein, während nicht $\zeta \equiv 1$, d. h. $\eta(y + z) \equiv 0$ sein kann, also gehört ζ (mod. π) zum Exponenten p, der somit ein Teiler von $\pi - 1$ sein muß, das heißt: jeder Primteiler von v hat die Form $2ph + 1$, und somit ist

$$(16) \qquad\qquad\qquad v \equiv 1 \;(\text{mod. } p).$$

Ganz ebenso findet man nun, daß entweder

$$(14\,\mathrm{a}) \qquad z + x = u'^p, \qquad \frac{z^p + x^p}{z + x} = v'^p, \qquad y = -u'v',$$

oder

$$(15\,\mathrm{a}) \qquad z + x = p^{m'p - 1}\cdot u'^p, \qquad \frac{z^p + x^p}{z + x} = p\cdot v'^p, \qquad y = -p^{m'}\cdot u'v'$$

und ebenso entweder

$$(14\,\mathrm{b}) \qquad x + y = u''^p, \qquad \frac{x^p + y^p}{x + y} = v''^p, \qquad z = -u''v'',$$

oder

$$(15\,\mathrm{a}) \qquad x + y = p^{m''p - 1}\cdot u''^p, \qquad \frac{x^p + y^p}{x + y} = p\cdot v''^p, \qquad z = -p^{m''}\cdot u''v''$$

sein muß. Da aber entweder die drei Zahlen x, y, z durch p nicht teilbar sind, oder eine einzige derselben durch p teilbar ist — bei der Symmetrie der Gleichung (12) in bezug auf x, y, z brauchen wir nur einen der drei möglichen Fälle zu verfolgen, nehmen also etwa x als die durch p teilbare Zahl an —, so können die zuvor angegebenen Fälle nur auf zwei Arten kombiniert werden:

I. Wenn x, y, z nicht durch p teilbar sind, müssen die Formeln bestehen:

$$(17\,\mathrm{a}) \quad \begin{cases} y + z = u^p, & \dfrac{y^p + z^p}{y + z} = v^p, & x = - u\,v, \\[2ex] z + x = u'^p, & \dfrac{z^p + x^p}{z + x} = v'^p. & y = - u'\,v', \\[2ex] x + y = u''^p, & \dfrac{x^p + y^p}{x + y} = v''^p, & z = - u''\,v'', \end{cases}$$

aus denen sich

$$(18\,\mathrm{a}) \quad \begin{cases} x = \dfrac{u'^p + u''^p - u^p}{2}, \\[2ex] y = \dfrac{u''^p + u^p - u'^p}{2}, \\[2ex] z = \dfrac{u^p + u'^p - u''^p}{2} \end{cases}$$

ergibt.

II. Wenn y, z nicht, aber x durch p teilbar ist, die anderen Formeln:

$$(17\,\mathrm{b}) \quad \begin{cases} y + z = p^{mp-1} \cdot u^p, & \dfrac{y^p + z^p}{y + z} = p \cdot v^p, & x = - p^m \cdot u\,v, \\[2ex] z + x = u'^p, & \dfrac{z^p + x^p}{z + x} = v'^p, & y = - u'\,v', \\[2ex] x + y = u''^p, & \dfrac{x^p + y^p}{x + y} = v''^p, & z = - u''\,v'', \end{cases}$$

woraus

$$(18\,\mathrm{b}) \quad \begin{cases} x = \dfrac{u'^p + u''^p - p^{mp-1} \cdot u^p}{2}, \\[2ex] y = \dfrac{u''^p + p^{mp-1} \cdot u^p - u'^p}{2}, \\[2ex] z = \dfrac{p^{mp-1} \cdot u^p + u'^p - u''^p}{2}. \end{cases}$$

Für die Zahlen m', u', v' bzw. m'', u'', v'' gelten die gleichen Bedingungen, wie sie für die Zahlen m, u, v angegeben worden sind.

Diese Formeln gab Legendre[1], gleichzeitig aber Abel[2], nach welchem sie gewöhnlich als die Abelschen Formeln benannt werden.

Eine noch nähere Bestimmung der Zahl v verdankt man nach der Aussage von Legendre[3] Sophie Germain. Ihre Primteiler π, von denen wir schon zeigten, daß sie die Form $2hp + 1$ haben müssen, sind genauer von der Form $2kp^2 + 1$, d. h. h muß durch p teilbar sein. In der Tat finden wir in beiden Fällen I und II die Kongruenzen

$$x \equiv 0, \quad y \equiv u''^p, \quad z \equiv u'^p, \quad y^p + z^p \equiv u'^{p^2} + u''^{p^2} \equiv 0 \quad (\text{mod. } \pi);$$

ist nun u_2 der Sozius von u'' (mod. π), so gibt die letzte Kongruenz die andere:

$$(19) \qquad\qquad (u' u_2)^{p^2} + 1 \equiv 0 \quad (\text{mod. } \pi);$$

wenn aber g eine primitive Wurzel (mod. π) und etwa $u' u_2 \equiv g^i$ ist, so kann i nicht durch h teilbar sein, da sonst nach der Gleichung $\pi = 2hp + 1$ sich $(u' u_2)^p \equiv g^{pi} \equiv \pm 1$, also entweder $(u' u_2)^{p^2} + 1 \equiv 2$, oder $u'^p + u''^p \equiv y + z \equiv 0$ (mod. π) ergäbe, was beides nicht sein kann. Aus der Kongruenz (19) aber folgt $g^{ip^2} + 1 \equiv 0$, also $g^{2ip^2} \equiv 1$ (mod. π), was $2ip^2$ teilbar durch $\pi - 1 = 2hp$, also ip teilbar durch h erfordert, und nur sein kann, wenn h durch p aufgeht.

Ferner muß in den Formeln (17b), (18b) die Zahl $m > 1$ sein, d. h. die durch p teilbare der Zahlen x, y, z geht mindestens durch p^2 auf[4]. Denn aus jenen Formeln folgt

$$u'^p + u''^p = 2x + y + z \equiv 0,$$

---

[1] Mém. de l'Acad. des sciences, Institut de France 1823 [1827], p. 1. Herr Lindemann irrt, wenn er in den Sitzungsber. der Münchener Akademie Bd. 31, S. 495 meint, sich den ersten Beweis dieser Formeln zuschreiben zu dürfen, sie sind schon in der Legendreschen Abhandlung bewiesen.

[2] In einem an Holmboe gerichteten Briefe vom 24. 6. 1823; s. Abel, œuvres complètes, 2. éd. II, p. 264/5.

[3] Legendre, a. a. O. p. 17.

[4] Auch diese Bemerkung schreibt Legendre a. a. O. Sophie Germain zu.

d. h. $u' + u'' \equiv 0$ (mod. p), mithin[1]

$$u'^p + u''^p \equiv (u' + u'')^p \equiv 0 \quad (\text{mod. } p^2),$$

und demnach wegen der ersten der drei Formeln (18b) auch $x \equiv 0$ (mod. p^2).

6. In den Formeln zu I und II haben wir Bedingungen erhalten, denen die ganzen Zahlen x, y, z notwendig genügen müßten, wenn die Gleichung (12) in ganzen Zahlen auflösbar sein sollte. Bei der weiteren Behandlung des Fermatproblems werden nun die genannten beiden Fälle I und II stets gesondert zu betrachten sein, wie sich dies bei sämtlichen Beweisen, durch welche es bisher gelungen ist, die Fermatsche Behauptung für besondere Fälle zu begründen, durchweg herausgestellt hat.

Es war nur natürlich, daß die ersten Mathematiker, welche diese Begründung versuchten, mit den einfachsten Fällen der Gleichung (12), d. h. mit den kleinsten Werten des Exponenten p den Anfang machten. So ist der Satz für Kuben, d. i. für $p = 3$, zuerst von Euler[2] bewiesen, dessen Beweis dann Legendre[3] etwas übersichtlicher wiedergegeben hat; für $p = 5$ gaben den Beweis Legendre und Lejeune Dirichlet[4], der den Satz auch für $p = 14$ begründet hat; dann bewies ihn Lamé, darauf Lebesgue[5] für den Exponenten $p = 7$.

Wie verschieden die Beweise für $p = 3$ und $p = 5$ in ihrem übrigen Gange auch sind, so begründen sie doch zuletzt sich auf. das gleiche Prinzip, das in einer bekannten Formel aus der Lehre von der Kreisteilung seinen Ausdruck findet. Nach dieser Formel ist

$$(20) \qquad \frac{y^p + z^p}{y + z} = \tfrac{1}{4}(Y^2 - \varepsilon p\, Z^2),$$

---

[1] Zufolge einer Relation, die wir später erhalten werden; s. Formel (31) und die bezügliche Anmerkung.

[2] L. Eulers Algebra, französ. Übersetzung 2. éd. II, no. 243.

[3] Legendre, essai sur la théorie des nombres, no. 328/30.

[4] Legendre, Mém. de l'Acad. des Sciences 1823 [1827], p. 31. Lejeune Dirichlet, mém. sur l'impossibilité de quelques équations indéterminées du 5. degré, lu à l'Acad. des Sc. (Institut de France) le 11. juillet 1825, siehe im Journ. f. Mathem. 3 (1828), S. 354/75; ebendas. 9 (1832), S. 390/3.

[5] Lamé, Journ. des Mathém. 5 (1840), S. 195/211; Lebesgue, ebendas. S. 276/9, 348/9.

wenn unter Y, Z gewisse ganze und ganzzahlige Funktionen von y, x und unter ε der Wert $(-1)^{\frac{p-1}{2}}$ verstanden wird. Die Zusammensetzung von Y, Z aus den Elementen y, x ist sehr kompliziert[1] und daher einer allgemeinen Betrachtung sehr unzugänglich, jedenfalls sind aber Y, Z zugleich mit y, x ganze Zahlen. Da nun im Falle I. der Ausdruck zur Linken in (20) eine p^{te} Potenz v^p sein muß, so ergibt sich die Gleichung

$$(21) \qquad v^p = \tfrac{1}{4}(Y^2 - \varepsilon p Z^2);$$

ferner, da $\varepsilon p \equiv 1 \pmod{4}$ ist, die Kongruenz

$$0 \equiv Y^2 - Z^2 \equiv (Y + Z)(Y - Z) \pmod{4},$$

deren beide Faktoren zugleich gerade oder zugleich ungerade sind, also die Kongruenz $Y \equiv Z \pmod{2}$. Hiernach sind

$$\tfrac{1}{2}(Y + Z\sqrt{\varepsilon p}), \qquad \tfrac{1}{2}(Y - Z\sqrt{\varepsilon p})$$

zwei algebraisch ganze Zahlen des aus $\sqrt{\varepsilon p}$ gebildeten quadratischen Zahlenkörpers. Schreibt man also die Gleichung (21) unter der Form

$$(22) \qquad v^p = \tfrac{1}{2}(Y + Z\sqrt{\varepsilon p}) \cdot \tfrac{1}{2}(Y - Z\sqrt{\varepsilon p}),$$

so müssen die beiden Faktoren für sich p^{te} Potenzen von Zahlen der gleichen Art sein, sobald sich erweisen läßt, daß sie in dem genannten Zahlenkörper teilerfremd sind, und so oft in diesem Körper das Gesetz der eindeutigen Zerlegbarkeit in seine Primzahlen in Geltung ist. Beides ist nun der Fall für $p = 3$ und $p = 5$, und damit lassen sich in ihnen der Gleichung (22) zwei Beziehungen entnehmen, welche dann den Ansatz zur Methode der descente infinie darbieten.

Der Fall II führt offenbar zu denselben Betrachtungen, denn die in diesem Fall statt der Gleichung (21) geltende Beziehung

$$(21\,\text{a}) \qquad p \cdot v^p = \tfrac{1}{4}(Y^2 - \varepsilon p Z^2)$$

geht, da ihr zufolge Y eine durch p teilbare Zahl sein muß, etwa $Y = p \cdot Z'$, wenn $Z = Y'$ gesetzt wird, in die folgende über:

$$(-\varepsilon v)^p = \tfrac{1}{4}(Y'^2 - \varepsilon p Z'^2),$$

die nur unwesentlich von (21) verschieden ist.

---

[1] S. darüber Legendre, Mém. de l'Acad. des Sc. 1823; von Staudt, Journ. f. Mathem. von Crelle 67, S. 205.

7. Wir wollen dies nun zunächst an dem Eulerschen Beweise für den Fall $p = 3$ im einzelnen näher verfolgen.

Zuerst muß gezeigt werden, daß der Fall I unmöglich ist, d. h., daß eine der zu je zweien teilerfremden Zahlen x, y, z durch 3 teilbar sein muß. Dies ist hier sehr einfach; denn eine durch 3 nicht teilbare Zahl $3k \pm 1$ läßt im Kubus

$$(3k \pm 1)^3 = 27k^3 \pm 27k^2 + 9k \pm 1$$

den Rest ± 1 (mod. 9), daher gäbe die Gleichung

$$x^3 + y^3 = z^3,$$

wenn keine der Zahlen x, y, z durch 3 aufginge, die unzulässige Kongruenz

$$\pm 1 \equiv \pm 1 \pm 1 \quad \text{d. i.} \quad 0 \quad \text{oder} \quad \pm 2 \quad (\text{mod. 9}).$$

Anderseits müssen von den Zahlen x, y, z zwei ungerade, die dritte gerade sein, und man darf die gerade Zahl für sich auf die eine Seite der Gleichung gebracht, d. h. z als gerade voraussetzen. Dann kann man

$$x = a + b, \qquad y = a - b$$

setzen, unter a, b zwei ganze (mod. 2) ungleichartige und offenbar teilerfremde Zahlen verstanden. So erhält man die Gleichung

(23) $$z^3 = 2a(a^2 + 3b^2),$$

während nach dem Fermatschen Lehrsatze

$$z \equiv x + y \equiv 2a \quad (\text{mod. 3})$$

sein müßte, weshalb a gleichzeitig mit z durch 3 teilbar oder nicht teilbar sein würde; da $a^2 + 3b^2$ zudem ungerade, z aber gerade ist, so folgt noch aus (23), daß a notwendig gerade sein muß.

Nunmehr hat Euler und zuerst auch Legendre nach ihm die beiden Fälle eines durch 3 teilbaren und durch 3 nicht teilbaren a durch je eine besondere Analyse erledigt. Genau besehen, führt aber die für den ersten Fall gültige auf den zweiten zurück, aber die Methode der descente infinie richtet sich in ihm nicht sowohl auf eine stete Verkleinerung der Zahlen x, y, z, sondern erfaßt ein anderes Element der Betrachtung, nämlich den Exponenten der höchsten Potenz von 3, der in z enthalten ist, und vollzieht sich an ihm; vielleicht ist dies der Sinn der bezüglichen Äußerung Fermats in seinem von uns angeführten Briefe an Carcavi. Später hat Legendre[1] dies auch erkannt und demgemäß geschlossen. Man setze nämlich, wenn a oder z durch 3 teilbar ist,

$$z = 2^k \cdot 3^h \cdot z_1,$$

wo z_1 ungerade und durch 3 nicht teilbar ist. Dann geht (23) in die Gestalt über

$$2a(a^2 + 3b^2) = 2^{3k} \cdot 3^{3h} \cdot z_1{}^3$$

und erfordert, da $a^2 + 3b^2$ ungerade und einmal durch 3 teilbar ist, das Bestehen von Gleichungen, wie diese:

$$2a = 2^{3k} \cdot 3^{3h-1} \cdot \alpha^3, \qquad a^2 + 3b^2 = 3\beta^3,$$

in denen α, β als Faktoren von z_1 nicht durch 3 teilbar sein können. Schreibt man die letztere in der Form

$$(a + b\sqrt{-3}) \cdot (a - b\sqrt{-3}) = (\sqrt{-3})^2 \cdot (-\beta)^3,$$

so folgt aus der eindeutigen Zerlegbarkeit der Zahlen des aus $\sqrt{-3}$ gebildeten Zahlenkörpers, oder, was auf dasselbe hinauskommt, aus dem, aus der Lehre von den quadratischen Formen mit der Determinante -3 her bekannten Satze, daß jeder Teiler der Form $x^2 + 3y^2$ wieder die gleiche Form hat, weil die beiden Faktoren links die Zahl $\sqrt{-3}$ des Körpers zum größten gemeinsamen Teiler haben, daß

$$a + b\sqrt{-3} = \sqrt{-3} \cdot (r + s\sqrt{-3})^3,$$

also

$$a = 9s(s + r)(s - r), \qquad b = r(r^2 - 9s^2)$$

sein würde, unter r, s ganze Zahlen verstanden. Folglich wird

$$2s(s + r)(s - r) = 2^{3k} \cdot 3^{3h-3} \cdot \alpha^3.$$

Aber r, s sind, da a, b teilerfremd sind, auch ohne gemeinsamen Teiler und, da b ungerade, ist r ungerade, s gerade; da infolgedessen die drei Faktoren zur Linken der Gleichung teilerfremd sind, ergeben sich Gleichungen von einer der beiden Formen:

$$2s = 2^{3k} \cdot \zeta^3, \quad s \pm r = 3^{3h-3} \cdot \xi^3, \quad s \mp r = \eta^3$$

oder:

$$2s = 2^{3k} \cdot 3^{3h-3} \cdot \zeta^3, \quad s \pm r = \xi^3, \quad s \mp r = \eta^3.$$

[1] Legendre, Zahlentheorie, deutsch von Maser, 2. S. 348.

Die ersteren führen zu einer Gleichung

$$(3^{h-1} \cdot \xi)^3 + \eta^3 = (2^k \zeta)^3 \, ,$$

in welcher der durch 2 teilbare der drei Kuben nicht durch 3 aufgeht, also unmittelbar auf den zweiten der unterschiedenen Fälle zurück. Die zweiten geben die Gleichung

$$\xi^3 + \eta^3 = (2^k \cdot 3^{h-1} \cdot \zeta)^3 \, ,$$

in welcher die durch 3 teilbare Zahl, deren Kubus zur Rechten steht, eine um 1 geringere Potenz von 3 enthält, als in der ursprünglichen Gleichung, und welche nun eine Wiederholung der gleichen Betrachtung gestattet, und so endlich wieder auf den zweiten Fall zurückführen muß.

Es bleibt also noch übrig, auch diesen zu erledigen und seine Unmöglichkeit nachzuweisen. In ihm sind die beiden Faktoren $2a$ und $a^2 + 3b^2$ in der Gleichung (23) teilerfremd, da $a^2 + 3b^2$ ungerade, und weil jeder gemeinsame Teiler von a und $a^2 + 3b^2$ auch in $3b^2$ aufgehen müßte, also nur 3 sein kann, gegen die Voraussetzung eines nicht durch 3 teilbaren a. Somit folgert man

$$2a = \alpha^3, \qquad a^2 + 3b^2 = \beta^3 \, ,$$

während α, β zwei teilerfremde, nicht durch 3 teilbare Zahlen sind, deren erste gerade, deren zweite ungerade sein muß. Aus dem zuvor aus der Theorie der quadratischen Formen mit der Determinante -3 erwähnten Satze erschließt man jetzt

$$(a + b\sqrt{-3}) = (r + s\sqrt{-3})^3 \, ,$$

also die Gleichungen

$$a = r(r^2 - 9s^2), \quad b = 3s(r^2 - s^2) \, ,$$

demnach

$$2a = 2r(r + 3s)(r - 3s) = \alpha^3 \, .$$

Die Zahlen r, s müssen aber zugleich mit a, b teilerfremd und zwar, wie diese, die erste gerade und durch 3 nicht teilbar, die zweite ungerade sein; daher sind alle drei Faktoren zur Linken vorstehender Gleichung ohne gemeinsamen Teiler, so daß jeder für sich ein Kubus sein muß, also etwa

$$2r = \zeta^3, \quad r + 3s = \xi^3, \quad r - 3s = \eta^3 \, ,$$

woraus dann

$$\xi^3 + \eta^3 = \zeta^3$$

hervorgeht, also eine Gleichung derselben Art, wie die im zweiten Falle vorausgesetzte Gleichung, da ζ gerade und durch 3 nicht teilbar ist. Offenbar sind aber ξ, η, ζ wesentlich kleiner als die Zahlen x, y, z in jener Gleichung. Nun kann man die gleichen Schlüsse unbegrenzt wiederholen, was doch sich des eben erwähnten Umstandes wegen als unzulässig erweist. Die Gleichung

$$x^3 + y^3 = z^3$$

ist also in ganzen Zahlen unlösbar.

8. Ganz ähnlich beweist man, abgesehen von den trivialen Lösungen

$$x = y = z = \pm\, 1; \quad x = \pm\, 1, \quad y = \mp\, 1, \quad z = 0$$

die Unmöglichkeit der Gleichung

$$x^3 + y^3 = 2\,z^3,$$

also auch der Gleichung

$$x^3 - y^3 = 2\,z^3,$$

die im Grunde auf die vorige zurückkommt, indem man einfach y^3 statt $(- y)^3$ setzt [1]. Wäre nämlich

$$(24) \qquad x^3 + y^3 = 2\,z^3,$$

so könnte man zunächst wieder x, y, z zu je zweien teilerfremd voraussetzen, also x, y als ungerade, und zwei ganze, teilerfremde Zahlen a, b durch die Gleichungen

$$(25) \qquad x = a + b, \quad y = a - b$$

bestimmen, wodurch die Gleichung in die Gestalt übergeht:

$$a\,(a^2 + 3\,b^2) = z^3.$$

Ist nun zuerst a nicht durch 3 teilbar, so sind die beiden Faktoren zur Linken teilerfremd, also müßte jeder Faktor für sich, insbesondere $a^2 + 3\,b^2$ ein Kubus sein. Wäre dieser gleich 1, so ergäbe sich $a = \pm\, 1$, $b = 0$, also die teilerfremden Zahlen x, y gleich $\pm\, 1$, und

---

[1] Euler, Algebra, franz. Übersetzung Bd. II, S. 243; Legendre, Essai s. l. th. d. nombres, 2. éd. p. 347.

somit die Lösungen $x = y = z = \pm 1$ der Gleichung (24). Andern-
falls müßte

$$a^2 + 3b^2 = (r^2 + 3s^2)^3$$

oder

$$a + b\sqrt{-3} = (r + s\sqrt{-3})^3 ,$$

also

$$a = r^3 - 9rs^2 = r(r + 3s)(r - 3s), \quad b = 3s(r^2 - s^2)$$

sein; und da die drei Faktoren von a teilerfremd sind, weil r durch 3
nicht teilbar, r und s relativ prim sind, und $r + 3s$, $r - 3s$ auch den
Faktor 2 nicht gemeinsam haben können, indem dazu r, s ungerade,
also die teilerfremden a, b beide gerade sein müßten, findet man
wieder, daß jeder für sich ein Kubus ist:

$$r + 3s = l^3 , \quad r - 3s = m^3 , \quad r = n^3 ,$$

woraus sich die Gleichung

$$l^3 + m^3 = 2n^3$$

von gleicher Art wie die Gleichung (24), aber mit kleineren ganzen
Zahlen herausstellt. So gelangt man wieder zu einer unbegrenzten
Fortsetzung, wie sie doch unzulässig ist.

Ist nun aber zweitens a teilbar durch 3, $a = 3a'$, aber nicht
gleich Null, in welchem Falle sich aus den Gleichungen (25) die
teilerfremden Zahlen x, y gleich ± 1, ∓ 1 bzw., also die Lösung
$x = \pm 1$, $y = \mp 1$, $z = 0$ der Gleichung (24) ergäbe, so wäre

$$9a'(3a'^2 + b^2) = z^3 ,$$

und $9a'$, $3a'^2 + b^2$ wären Kuben, insbesondere

$$3a'^2 + b^2 = (r^2 + 3s^2)^3 ,$$

also

$$b = r^3 - 9rs^2 , \quad a' = 3s(r^2 - s^2) = 3s(r + s)(r - s),$$

woraus

$$9a' = 27s(r + s)(r - s),$$

d. i.

$$s(r + s)(r - s)$$

als ein Kubus hervorgeht; wegen der offenbar teilerfremden Faktoren
müßte dann

$$r + s = l^3 , \quad r - s = m^3 , \quad s = n^3 ,$$

also

$$l^3 + (- m)^3 = 2n^3$$

sein, und man käme wieder zu einer descente infinie, also zu einer Unmöglichkeit.

Aus diesem Satze folgert man leicht mit Legendre den andern, daß eine von 0 und 1 verschiedene Trigonalzahl $\frac{x(x+1)}{2}$ niemals ein Kubus sein kann. Man darf $x > 0$ annehmen. Wäre dann für ein von 0 und 1 verschiedenes x

$$\frac{x(x+1)}{2} = y^3 \quad \text{oder} \quad x(x+1) = 2y^3,$$

so müßte entweder

$$x = 2m^3, \quad x + 1 = n^3$$

oder

$$x + 1 = 2m^3, \quad x = n^3,$$

mithin

$$n^3 \pm 1 = 2m^3$$

sein, was nach dem Vorigen unmöglich ist, außer für $n = 1$, $m = 1$, d. i. $x = 1$, bzw. $n = 1$, $m = 0$, d. h. $x = 0$.

Da die Gleichung $x(x+1) = 2y^3$ mit der andern

$$(2x+1)^2 = 8y^3 + 1$$

gleichbedeutend ist, so ist auch diese in ganzen Zahlen unlösbar, wenn man von den trivialen Lösungen $x = 0$, $y = 0$; $x = 1$, $y = 1$ absieht, in Übereinstimmung mit dem letzten Satze in Nr. 4, in welchem die Aussage über diese Gleichung als besonderer Fall enthalten ist.

8a. Nach den gleichen Prinzipien hat Legendre[1] auch die Unlösbarkeit der allgemeineren Gleichung

$$x^3 + y^3 = 2^m \cdot z^3$$

in ganzen Zahlen bewiesen, sowie verschiedene Werte des Koeffizienten A angegeben, für welche die Gleichung

$$(24a) \qquad\qquad x^3 + y^3 = A \cdot z^3$$

in ganzen Zahlen unlösbar sei; er erwähnt die Werte $A = 3, 5, 6$, doch den letzteren mit Unrecht, denn die Gleichung

$$x^3 + y^3 = 6 \cdot z^3$$

---

[1] Mém. de l'Acad. des Sciences 1823 [1827].

hat ganzzahlige Lösungen, z. B. $x = 37$, $y = 17$, $z = 21$. Hat aber eine Gleichung (24a) eine ganzzahlige Auflösung, so hat sie deren unendlich viele. Denn sei a, b, c eine derselben, so ist bekanntlich

$$a^3 + b^3 = a'^3 + b'^3,$$

wenn man

$$a' = \frac{a(2b^3 + a^3)}{a^3 - b^3}, \qquad b' = -\frac{b(2a^3 + b^3)}{a^3 - b^3}$$

setzt; daher ergibt sich sofort eine neue Auflösung der Gleichung (24a) in den ganzen Zahlen

$$a(2b^3 + a^3), \quad -b(2a^3 + b^3), \quad c(a^3 - b^3),$$

und nach derselben Regel aus jeder neu erhaltenen wieder eine neue Auflösung.

Der einfache, von Legendre gegebene Beweis für die Unmöglichkeit der Gleichung

$$(25a) \qquad\qquad x^3 + y^3 = 3z^3$$

in ganzen Zahlen x, y, die teilerfremd gedacht werden dürfen, sei hier noch mitgeteilt, da er keine anderen Grundlagen hat, als die Beweise der vorigen Nummern. Die evidente Auflösung $z = 0$, $x = -y$ wird hier ausgeschlossen, also z von Null verschieden vorausgesetzt. Zunächst muß dann z durch 3 teilbar sein. denn die beiden Faktoren der linken Seite

$$(26a) \qquad\qquad x + y, \quad \frac{x^3 + y^3}{x + y} = x^2 - xy + y^2,$$

deren einer durch 3 aufgehen müßte, haben diesen Faktor nach Nr. 5 nur, wenn $x + y$ ihn hat, und dann hat ihn auch der zweite Faktor und zwar genau einmal; da somit die linke Seite wenigstens durch 9 teilbar ist, muß z durch 3 aufgehen. Demnach kann, da sonst beide Faktoren teilerfremd sind, nur

$$x + y = (3a)^3, \quad x^2 - xy + y^2 = 3b^3$$

sein, wo nun $z = 3ab$, b aber offenbar ungerade und prim zu $3a$ ist. Die zweite Gleichung schreibt sich wie folgt:

$$(x - y)^2 + 3 \cdot \left(\frac{x + y}{3}\right)^2 = (x - y)^2 + 3 \cdot (9a^3)^2 = 4b^3$$

Ist nun zuerst a ungerade, so ist's auch $x - y$; b aber als Teiler eines Ausdrucks von der Form $p^2 + 3q^2$ selbst von dieser Form: setzt man also

$$(p + q\sqrt{-3})^3 = P + Q\sqrt{-3},$$

wo

$$P = p(p^2 - 9q^2), \quad Q = 3q(p^2 - q^2),$$

so muß

$$x - y + 9a^3 \cdot \sqrt{-3} = (1 \pm \sqrt{-3})(P + Q\sqrt{-3}),$$

also

$$9a^3 = Q \pm P$$

sein, was jedoch nicht möglich, da Q durch 3 teilbar ist, P aber so wenig wie p durch 3 teilbar sein kann.

Es muß also a gerade sein, daher auch $x - y$. Dann ist aber

$$\left(\frac{x - y}{2}\right)^2 + 3 \cdot \left(\frac{9a^3}{2}\right)^2 = b^3$$

und man erhält durch die gleiche Betrachtung wie zuvor

$$\frac{x - y}{2} + \frac{9a^3}{2}\sqrt{-3} = P + Q\sqrt{-3},$$

also

$$\frac{9a^3}{2} = Q = 3q \cdot (p + q)(p - q),$$

wo die Faktoren, da p, q ungleichnamig (mod. 2) sein müssen, teilerfremd sind; dieser Gleichung zufolge muß etwa

$$q = 12\alpha^3, \quad p + q = \beta^3, \quad p - q = \gamma^3,$$

$a = 2\alpha\beta\gamma$ sein, wo α, β, γ teilerfremd; daraus ergibt sich die Gleichung

$$\beta^3 - \gamma^3 = 3 \cdot (2\alpha)^3$$

von derselben Art, wie die vorausgesetzte Gleichung und mit gerader rechter Seite, so daß eine descente infinie eintritt, welche die Unzulässigkeit der Voraussetzung erweist.

9. Für die Unmöglichkeit der Gleichung

$$(26) \qquad\qquad x^5 + y^5 = z^5$$

in ganzen Zahlen gaben Legendre und Dirichlet Beweise.

Es ist auch hier leicht zu zeigen, daß eine der Zahlen x, y, z durch 5 teilbar sein müßte, der Fall I also unzulässig ist; wir werden dies später einer besonderen Quelle entnehmen. Dirichlets Beweis beschränkte sich nun anfangs nur auf den Fall, daß dann die durch 5 teilbare Zahl z zugleich die gerade Zahl sei. Darauf ergänzte Legendre[1] denselben durch eine besondere auf diesen Fall angelegte Analyse auch für den Fall eines ungeraden z. In einem Zusatze zu seiner ersten Arbeit zeigte dann Dirichlet, wie auch dieser Fall auf die gleiche Grundlage wie der erste zurückgeführt werden kann. Diese besteht in zwei Hilfssätzen, welche er durch eine längere Reihe von einfachen Schlußfolgerungen gewinnt.

Erstens muß nämlich, um den Ausdruck $p^2 - 5q^2$ mittels teilerfremder (mod. 2) inkongruenter Zahlen p, q, deren letztere durch 5 teilbar ist, zu einer durch 5 nicht teilbaren fünften Potenz zu machen,

$$p + q\sqrt{5} = (r + s\sqrt{5})^5$$

gesetzt werden, wobei r, s teilerfremd, (mod. 2) inkongruent, und r durch 5 nicht teilbar zu denken sind.

Zweitens muß, wenn derselbe Ausdruck zum Vierfachen einer solchen Potenz werden soll, während p, q teilerfremde und ungerade Zahlen, q durch 5 teilbar sind,

$$\frac{p + q\sqrt{5}}{2} = \left(\frac{r + s\sqrt{5}}{2}\right)^5$$

gesetzt werden, mit teilerfremden, ungeraden Zahlen r, s, deren erste durch 5 nicht teilbar ist. Diese Sätze sind ihrer Natur nach solche aus der Theorie des aus $\sqrt{5}$ gebildeten Zahlenkörpers und ergeben sich leicht aus ihr. Die ganzen Zahlen desselben sind nämlich die Zahlen $\dfrac{u + v\sqrt{5}}{2}$ mit ganzen (mod. 2) kongruenten u, v, und der Körper gehört noch wieder zu denjenigen quadratischen Zahlenkörpern, für welche das Gesetz der eindeutigen Zerlegbarkeit seiner Zahlen in Primfaktoren in Geltung ist. Soll also

$$\frac{P + Q\sqrt{5}}{2} \cdot \frac{P - Q\sqrt{5}}{2} = \frac{P^2 - 5Q^2}{4},$$

---

[1] Legendre, th. des nombres, 2. supplément.

wo P, Q teilerfremd und ungerade, und $Q \equiv 0$ (mod. 5), eine nicht durch 5 teilbare fünfte Potenz werden, so muß, da die Faktoren keinen gemeinsamen Faktor haben, indem ein solcher auch in $Q\sqrt{5}$ und in P aufgehen müßte, was nach den Voraussetzungen nicht der Fall ist, jeder Faktor für sich eine fünfte Potenz sein, also

$$\frac{P + Q\sqrt{5}}{2} = \left(\frac{r + s\sqrt{5}}{2}\right)^5$$

mit den im zweiten Hilfssatze angegebenen Eigenschaften der Zahlen r, s. Ebenso ergibt sich der erste Hilfssatz, wenn $P = 2p$, $Q = 2q$, und p, q teilerfremd und ungleichnamig, und q durch 5 teilbar vorausgesetzt werden. Bei Dirichlets Beweis wird nun die Gleichung (26) als ein besonderer Fall der Gleichung

(26a) $$x^5 + y^5 = A\,z^5$$

betrachtet, deren Unmöglichkeit für ganze Kategorien von Werten des Koeffizienten A dargetan wird[1], und gezeigt, daß (26) auf einen dieser Fälle zurückführt. Jene Unmöglichkeit erhellt aber, indem Dirichlet mittels der erwähnten zwei Hilfssätze aus der vorausgesetzten Gleichung (26a) folgert, daß eine gewisse Form

$$\xi^4 + 10\,\xi^2\eta^2 + 5\,\eta^4$$

eine fünfte Potenz sein müßte, und hieraus wieder, daß dann dieselbe Form, aber für wesentlich kleinere ganze Zahlen aufs neue eine solche Potenz werden muß, wodurch wieder ein unbegrenzter Fortgang hergestellt ist, der zu einem Widerspruch führt.

Nach Dirichlet hat dann Lebesgue[2] dieselbe Gleichung (26) behandelt und, gestützt auf die gleichen Hilfssätze, deren jener sich bedient hat, noch andere Kategorien von Werten des Koeffizienten A angegeben, für welche die Gleichung (26a) unmöglich ist.

Der Beweis, den Dirichlet für die Unmöglichkeit der Gleichung

$$x^{14} + y^{14} = z^{14}$$

---

[1] In einer Anmerkung zu seiner Abhandlung in Mém. de l'Acad. des Sciences [1827] gibt Legendre an, daß ein Herr Lejeune Dieterich (sic!) über Fälle der Unmöglichkeit der Gleichung (26a) der Akademie Mitteilung gemacht habe; jedenfalls sind hier die Sätze der erwähnten Arbeit Dirichlets gemeint.

[2] Lebesgue, Journ. des Mathém. 2, p. 49.

gegeben hat, beruht auf ganz analoger Grundlage, nämlich auf dem (aus der Theorie des aus $\sqrt{-7}$ gebildeten Körpers zu entnehmenden) Satze, daß, um $P^2 + 7\,Q^2$ zu einer 14ten Potenz zu machen, welche durch 7 nicht aufgeht und ungerade ist,

$$P + Q\sqrt{-7} = (r + s\sqrt{-7})^{14}$$

zu setzen und r, s teilerfremd und ungleichnamig (mod. 2), r nicht durch 7 teilbar anzunehmen sind.

Wollte man nun den allgemeinen Fall der Fermatschen Gleichung auf gleicher Grundlage wie für $p = 3$ und $p = 5$ (oder $p = 14$), also auf Grund der Formel (20) zu erledigen versuchen, so dürfte man wegen der komplizierten Zusammensetzung der Größen Y, Z aus den Zahlen y, z, die kaum allgemeine Schlüsse auf die zahlentheoretische Natur dieser Größen zulassen, wohl auf unüberwindliche Schwierigkeiten stoßen. Aber es tritt noch ein anderer Umstand hinzu, welcher diese Betrachtungsweise erschwert und ganz neue Erwägungen erfordern würde, der Umstand, daß für den allgemeinen Fall eines beliebigen Primzahlexponenten p der aus $\sqrt{\varepsilon p}$ gebildete Zahlenkörper die Eigenschaft verliert, der zufolge eine eindeutige Zerlegbarkeit seiner Zahlen in Primfaktoren gleicher Art für ihn besteht; später werden wir Veranlassung haben, die hierdurch eintretenden Schwierigkeiten eingehend zu erörtern. Aus den angeführten Gründen hat man seither die ursprüngliche Richtung der Beweisversuche der Fermatschen Behauptung nicht weiter verfolgt.

10. Bei der Behandlung der allgemeinen Fermatschen Gleichung

$$(27) \qquad x^p + y^p + z^p = 0$$

für einen beliebigen Primzahlexponenten p werden wir nun bis auf weiteres uns durchweg auf den Fall I beschränken, also voraussetzen, daß die zu je zwei teilerfremden Zahlen x, y, z durch p nicht teilbar seien.

Die beiden, schon sehr umständlichen Beweise, welche für den Exponenten $p = 7$ Lamé und Lebesgue gegeben haben, beruhen wieder auf einer gemeinsamen, aber anderen Grundlage, wie die Beweise von Euler und Dirichlet für $p = 3$ und $p = 5$. Ihr Ausgangspunkt ist eine sehr allgemeine Formel, welche auch später mehrfach als Quelle verwertet ist, um Anhaltspunkte zur Erledigung des

Fermat-Problems zu gewinnen, und aus der auch manche andere Ergebnisse fließen, die unabhängig von diesem ihren Wert haben. Sind nämlich ξ, η, ζ Unbestimmte und p zunächst eine beliebige ungerade Zahl, so ist nach dem polynomischen Lehrsatze

$$(\xi + \eta + \zeta)^p - (-\xi + \eta + \zeta)^p - (\xi - \eta + \zeta)^p - (\xi + \eta - \zeta)^p$$
$$= \sum \frac{p!}{\alpha!\,\beta!\,\gamma!}\, \xi^\alpha \eta^\beta \zeta^\gamma \left(1 - (-1)^\alpha - (-1)^\beta - (-1)^\gamma\right).$$
$$(\alpha + \beta + \gamma = p)$$

Da nun von den Zahlen α, β, γ, wenn sie nicht alle drei ungerade sind, zwei gerade sein müssen, verschwinden die Glieder der Summe, in denen dies der Fall ist, und die Gleichung geht in die folgende über:

$$(28) \quad \begin{cases} (\xi + \eta + \zeta)^p - (-\xi + \eta + \zeta)^p - (\xi - \eta + \zeta)^p - (\xi + \eta - \zeta)^p \\[1mm] \quad = 4\,p\,\xi\,\eta\,\zeta \cdot \sum \dfrac{(p-1)!}{(2\lambda+1)!\,(2\mu+1)!\,(2\nu+1)!} \cdot \xi^{2\lambda} \cdot \eta^{2\mu} \cdot \zeta^{2\nu}, \\[2mm] \quad \left(\lambda + \mu + \nu = \dfrac{p-3}{2}\right) \end{cases}$$

welches die allgemeine Formel ist, die vorher gemeint war. Versteht man unter x, y, z beliebige ganze Zahlen und bestimmt ξ, η, ζ durch die Beziehungen

$$x = -\xi + \eta + \zeta, \quad y = \xi - \eta + \zeta, \quad z = \xi + \eta - \zeta,$$

aus denen

$$\xi = \frac{y + z}{2}, \quad \eta = \frac{z + x}{2}, \quad \zeta = \frac{x + y}{2},$$

also

$$\xi + \eta + \zeta = x + y + z$$

hervorgeht, so gewinnt man aus der Formel die neue Gleichung

$$(29) \quad \begin{cases} (x + y + z)^p - x^p - y^p - z^p \\[1mm] \quad = \dfrac{4\,p}{2^p} \cdot (x+y)(y+z)(z+x) \cdot \sum \dfrac{(p-1)!}{(2\lambda+1)!\,(2\mu+1)!\,(2\nu+1)!} \\[1mm] \quad\qquad\qquad\qquad \cdot (y+z)^{2\lambda} \cdot (z+x)^{2\mu} \cdot (x+y)^{2\nu}, \\[2mm] \quad \left(\lambda + \mu + \nu = \dfrac{p-3}{2}\right) \end{cases}$$

oder kurz

$$(30) \quad \begin{cases} (x + y + z)^p - x^p - y^p - z^p \\[2mm] \qquad = \dfrac{4\,p}{2^p} \cdot (x + y)(y + z)(z + x) \cdot F(x, y, z), \end{cases}$$

wo $F(x, y, z)$ eine homogene ganze Funktion von x, y, z vom Grade $p - 3$ ist. Aus ihr folgt, wenn $z = 0$ gesetzt wird, die andere Gleichung

$$(31) \qquad (x + y)^p - x^p - y^p = \frac{4\,p}{2^p} \cdot x\,y(x + y) \cdot f(x, y), \ ^{[1]}$$

worin

$$(32) \quad f(x, y) = \sum \frac{(p - 1)!}{(2\lambda + 1)!\,(2\mu + 1)!\,(2\nu + 1)!} \cdot y^{2\lambda} \cdot x^{2\mu} \cdot (x + y)^{2\nu}$$

$$\left(\lambda + \mu + \nu = \frac{p - 3}{2} \right)$$

eine homogene Funktion von x, y vom Grade $p - 3$ ist.

Hieraus ergeben sich speziell für $p = 3, 5, 7$ die Formeln

$$(x + y)^3 - x^3 - y^3 = 3\,x\,y\,(x + y),$$

$$(x + y)^5 - x^5 - y^5 = 5\,x\,y\,(x + y)(x^2 + x\,y + y^2),$$

$$(x + y)^7 - x^7 - y^7 = 7\,x\,y\,(x + y)(x^2 + x\,y + y^2)^2.$$

Hier zeigt sich ein Gesetz, welches Cauchy als allgemeingültig nachgewiesen hat, indem er folgende geistreiche Bemerkung gemacht hat[2]. Die Funktion

$$\varphi(z) = (z + 1)^p - z^p - 1$$

mit der Ableitung

$$\varphi'(z) = p\,[(z + 1)^{p-1} - z^{p-1}]$$

gibt, wenn für z eine imaginäre kubische Einheitswurzel α gesetzt wird, so daß

$$\alpha^2 + \alpha + 1 = 0, \quad \alpha + 1 = -\alpha^2, \quad \alpha^2 + 1 = -\alpha$$

---

[1] Im Falle II der Fermatschen Gleichung ist $x \equiv 0$, $y \equiv -u'$, $z \equiv -u''$ (mod. p), da $v', v'' \equiv 1$ (mod. p) sind; da aber $y + z \equiv 0$ (mod. p), so ist $u' + u'' \equiv 0$, und daher nach (31)

$$(u' + u'')^p - u'^p - u''^p \equiv 0 \quad (\text{mod. } p^2),$$

wie in Nr. 5 angegeben.

[2] Cauchy, Journ. des Mathém. 5 (1840), p. 211.

ist, für eine Primzahl $p > 3$ die Gleichungen

$$\varphi(\alpha) = -(\alpha^{2p} + \alpha^p + 1) = -\frac{\alpha^{3p} - 1}{\alpha^p - 1} = 0,$$

$$\varphi(\alpha^2) = -(\alpha^p + \alpha^{2p} + 1) = -\frac{\alpha^{3p} - 1}{\alpha^p - 1} = 0$$

und

$$\varphi'(\alpha) = p(\alpha^{2(p-1)} - \alpha^{p-1}), \qquad \varphi'(\alpha^2) = p(\alpha^{p-1} - \alpha^{2(p-1)});$$

sooft daher p von der Form $6h + 1$ ist, werden $\varphi'(\alpha)$ und $\varphi'(\alpha^2)$ gleich Null sein. Das heißt aber: wenn p eine Primzahl > 3 ist, so ist die Funktion $\varphi(z)$ stets teilbar durch den Ausdruck $z^2 + z + 1$ und, wenn diese Primzahl die Form $6h + 1$ hat, sogar durch sein Quadrat; also wird dann die Funktion $f(x, y)$ stets den Faktor $x^2 + xy + y^2$ haben, und wenn $p = 6h + 1$ ist, sogar den Faktor $(x^2 + xy + y^2)^2$.

11. Aber man kann dieser Funktion $f(x, y)$ oder der Gleichung (31) noch einen anderen Ausdruck geben, der seine Vorzüge hat. Es ist nämlich für jeden ganzzahligen Exponenten p

$$(33) \quad \left\{ \begin{aligned} (x+y)^p &= x^p + y^p + \frac{p}{1}\, xy\,(x+y)^{p-2} \\ &\qquad - \frac{p}{2} \cdot \binom{p-3}{1} x^2 y^2 (x+y)^{p-4} + \cdots, \end{aligned} \right.$$

wo das allgemeine Glied der Entwicklung die Form hat

$$(-1)^{h-1} \cdot \frac{p}{h} \cdot \binom{p-h-1}{h-1} x^h y^h (x+y)^{p-2h}.$$

In der Tat hat man zunächst

$$(34) \quad \left\{ \begin{aligned} (x+y)^3 &= x^3 + y^3 + 3xy(x+y), \\ (x+y)^4 &= x^4 + y^4 + 4xy(x+y)^2 - 2x^2 y^2, \\ (x+y)^5 &= x^5 + y^5 + 5xy(x+y)^3 - 5x^2 y^2 (x+y). \end{aligned} \right.$$

Nehmen wir daher an, die Formel (33) sei bereits bewiesen bis zum Exponenten p hin, und beweisen sie dann auch noch für $p + 1$, so gilt sie allgemein. Zu diesem Zweck bedienen wir uns der Beziehung

$$(x^p + y^p)(x+y) = (x^{p+1} + y^{p+1}) + xy(x^{p-1} + y^{p-1}).$$

Multipliziert man nämlich (33) mit $x + y$, so erhält man mit Rücksicht auf sie die Gleichung

$$(x + y)^{p+1} = x^{p+1} + y^{p+1} + \sum_h (-1)^{h-1} \cdot \frac{p}{h} \cdot \binom{p-h-1}{h-1}$$
$$\cdot x^h y^h (x + y)^{p-2h+1}$$
$$+ xy(x + y)^{p-1} - \sum_h (-1)^{h-1} \cdot \frac{p-1}{h} \binom{p-h-2}{h-1}$$
$$x^{h+1} y^{h+1} \cdot (x + y)^{p-2h-1},$$

der man leicht die Form gibt:

$$(x + y)^{p+1} = x^{p+1} + y^{p+1} + \sum_h (-1)^{h-1} \cdot \left[\frac{p}{h} \binom{p-h-1}{h-1} \right.$$
$$\left. + \frac{p-1}{h-1} \binom{p-h-1}{h-2} \right] x^h y^h (x + y)^{p+1-2h}.$$

Da nun

$$\frac{p}{h} \cdot \binom{p-h-1}{h-1} + \frac{p-1}{h-1} \binom{p-h-1}{h-2} = \frac{p+1}{h} \binom{p-h}{h-1}$$

gefunden wird, geht sie über in

$$(x + y)^{p+1} = x^{p+1} + y^{p+1}$$
$$+ \sum_h (-1)^{h-1} \cdot \frac{p+1}{h} \binom{p-h}{h-1} x^h y^h \cdot (x + y)^{p+1-2h}$$

und bestätigt so das allgemeine Induktionsgesetz.

Die für jeden ganzzahligen Exponenten gültige Formel (33) gibt speziell für einen ungeraden Exponenten p

$$(35) \quad \left\{ \begin{aligned} (x + y)^p - x^p - y^p &= p \cdot xy(x + y)^{p-2} \\ &\quad - \frac{p}{2}(p - 3) x^2 y^2 (x + y)^{p-4} + \cdots \\ &\quad + (-1)^{\frac{p-3}{2}} p x^{\frac{p-1}{2}} y^{\frac{p-1}{2}} (x + y); \end{aligned} \right.$$

und hieraus findet sich durch Absonderung des Faktors $pxy(x + y)$ der folgende neue Ausdruck für die Funktion $f(x, y)$:

$$(36) \quad \left\{ \begin{aligned} f(x, y) &= \frac{2^{p-2}}{p} \\ &\quad \sum (-1)^{h-1} \cdot \frac{p}{h} \binom{p-h-1}{h-1} x^{h-1} y^{h-1} (x + y)^{p-2h-1}. \end{aligned} \right.$$

12. Schreibt man die Gleichung (35) abgekürzt in der Form:

$$(37) \quad \begin{cases} x^p + y^p = (x + y)^p + C_1^{(p)} x y (x + y)^{p-2} \\ \quad + C_2^{(p)} x^2 y^2 (x + y)^{p-4} + \cdots + C_{\frac{p-1}{2}}^{(p)} \cdot x^{\frac{p-1}{2}} y^{\frac{p-1}{2}} (x + y) \end{cases}$$

und berücksichtigt die Identität

$$x^{p+2} + y^{p+2} = (x + y)^2 (x^p + y^p) - 2 x y (x^p + y^p) \\ - x^2 y^2 (x^{p-2} + y^{p-2}),$$

so ergeben sich für die Koeffizienten $C_i^{(p)}$ leicht nachstehende Rekursionsformeln:

$$C_1^{(p+2)} = C_1^{(p)} - 2,$$

$$C_2^{(p+2)} = C_2^{(p)} - 2 C_1^{(p)} - 1,$$

$$C_3^{(p+2)} = C_3^{(p)} - 2 C_2^{(p)} - C_1^{(p-2)}$$

$$\cdot \quad \cdot \quad \cdot \quad \cdot \quad \cdot \quad \cdot \quad \cdot \quad \cdot \quad \cdot \quad \cdot \quad \cdot \quad \cdot \quad \cdot$$

$$C_{\frac{p-1}{2}}^{(p+2)} = C_{\frac{p-1}{2}}^{(p)} - 2 C_{\frac{p-3}{2}}^{(p)} - C_{\frac{p-5}{2}}^{(p-2)},$$

$$C_{\frac{p+1}{2}}^{(p+2)} = \qquad - 2 C_{\frac{p-1}{2}}^{(p)} - C_{\frac{p-3}{2}}^{(p-2)},$$

und durch Addition derselben, wenn man mit

$$\mathfrak{S}_p = C_1^{(p)} + C_2^{(p)} + \cdots + C_{\frac{p-1}{2}}^{(p)}$$

die Summe der Koeffizienten in der Entwicklung (37) bezeichnet, die folgende Rekursionsgleichung:

$$(38) \qquad \mathfrak{S}_{p+2} = - \mathfrak{S}_p - \mathfrak{S}_{p-2} - 3.$$

Nun findet man nach den Gleichungen (34) für $\mathfrak{S}_3$, $\mathfrak{S}_5$ die Werte $-3, 0$, also $\mathfrak{S}_7 = 0$, $\mathfrak{S}_9 = -3$, $\mathfrak{S}_{11} = 0$, $\mathfrak{S}_{13} = 0$, $\mathfrak{S}_{15} = -3, \cdots$, allgemein ergibt sich

$$\mathfrak{S}_{3i} = -3, \qquad \mathfrak{S}_{3i+1} = \mathfrak{S}_{3i+2} = 0.$$

Bedeutet daher p eine ungerade Primzahl > 3, so ist $\mathfrak{S}_p = 0$, d. h. nach der Bedeutung der Koeffizienten $C_i^{(p)}$

$$\sum_{h=1}^{\frac{p-1}{2}} (-1)^{h-1} \cdot \frac{p}{h} \binom{p-h-1}{h-1} = 0,$$

also auch

$$(39) \qquad \sum_{h=1}^{\frac{p-1}{2}} (-1)^{h-1} \cdot \frac{1}{h} \binom{p-h-1}{h-1} = 0.$$

Riecke, der in einer in der Zeitschrift für Math. u. Physik, Bd. 34, S. 238 enthaltenen Notiz diese Beziehungen gegeben hat, hat auch darauf aufmerksam gemacht, daß, wenn die Zahlen x, y der Kongruenz

$$(40) \qquad (x + y)^2 \equiv xy \quad (\text{mod. } p)$$

genügen, die Gleichung (36) in die Kongruenz

$$f(x, y) \equiv \frac{2^{p-2}}{p} \cdot (x + y)^{p-3} \cdot \sum_{h=1}^{\frac{p-1}{2}} (-1)^{h-1} \cdot \frac{p}{h} \binom{p-h-1}{h-1} \quad (\text{mod. } p$$

d. h. wegen (39) in

$$f(x, y) \equiv 0 \quad (\text{mod. } p)$$

übergeht. Unter dieser Voraussetzung ist also stets

$$(x + y)^p - x^p - y^p \equiv 0 \quad (\text{mod. } p^2).$$

Ohne eine weitere Rechnung, wie die Rieckeschen Betrachtungen sie in sich schließen, findet man aber dasselbe Resultat viel einfacher unmittelbar aus dem oben gegebenen Gesetze von Cauchy, denn die vorausgesetzte Kongruenz (40) ist identisch mit der anderen:

$$x^2 + xy + y^2 \equiv 0 \quad (\text{mod. } p),$$

und wenn dieser Ausdruck, der, mit p multipliziert, als Faktor von

$$(x + y)^p - x^p - y^p$$

erscheint, durch p aufgeht, so geht eben diese Größe selbst sogar durch p^2 auf.

13. Wie die algebraischen Entwicklungen der letzten Nummern sich an die Gleichung (31) anschließen, so kann man an die allgemeinere Gleichung (29) ähnliche anfügen. Denkt man sich die drei Zahlen x, y, z als Wurzeln einer kubischen Gleichung

$$u^3 - Lu^2 + Mu - N = 0,$$

so daß

$$L = x + y + z, \qquad M = yz + zx + xy, \qquad N = xyz$$

zu setzen ist, so lassen sich die Summen gleicher Potenzen derselben:

$$S_i = x^i + y^i + z^i,$$

nach den **Newton**schen Formeln berechnen, nach denen

$$S_{i+3} - L \cdot S_{i+2} + M \cdot S_{i+1} - N \cdot S_i = 0$$

ist, und man erhält so einen neuen Ausdruck für

$$(x + y + z)^p - x^p - y^p - z^p = L^p - S_p;$$

insbesondere ergeben sich die Gleichungen

$$L - S_1 = 0.$$

$$L^3 - S_3 = 3(LM - N),$$

$$L^5 - S_5 = 5(LM - N)(L^2 - M),$$

$$L^7 - S_7 = 7(LM - N)\big((L^2 - M)^2 - LN\big).$$

Da nun

$$LM - N = (x + y)(y + z)(z + x)$$

$$L^2 - M = \frac{L^2 + x^2 + y^2 + z^2}{2}$$

gefunden wird, so nehmen die drei letzten Gleichungen die Gestalt an:

$$(41)\quad
\begin{cases}
L^3 - S_3 = 3\,(x + y)(y + z)(z + x), \\[2mm]
L^5 - S_5 = 5\,(x + y)(y + z)(z + x)\left(\dfrac{L^2 + x^2 + y^2 + z^2}{2}\right), \\[2mm]
L^7 - S_7 = 7\,(x + y)(y + z)(z + x)\left[\left(\dfrac{L^2 + x^2 + y^2 + z^2}{2}\right)^2 - Lxyz\right].
\end{cases}$$

Soweit gelten die algebraischen Entwicklungen der letzten Nummern für irgendwelche ganze Werte von x, y, z. Von nun an setzen wir aber x, y, z als eine mögliche Lösung der Fermatschen Gleichung

$$(42)\qquad\qquad x^p + y^p + z^p = 0$$

in ganzen zu je zweien teilerfremden, durch p nicht teilbaren Zahlen voraus, so daß nicht nur diese Gleichung, sondern alle Abelschen Formeln des Falles I und ihre sämtlichen Konsequenzen für sie Bestand haben. Dann ist

$$S_p = 0,$$

und da aus der Gleichung (42) nach dem Fermatschen Lehrsatze

$$(43) \qquad x^p + y^p + z^p \equiv x + y + z = L \equiv 0 \quad (\text{mod. } p)$$

gefolgert wird, erschließt man speziell für $p = 3, 5, 7$, daß die Ausdrücke

$$L^3 - S_3, \quad L^5 - S_5, \quad L^7 - S_7$$

bzw. durch 3^3, 5^5, 7^7 aufgehen, daß also nach den Formeln (41) die Ausdrücke

$$(x + y)(y + z)(z + x),$$

$$(x + y)(y + z)(z + x) \cdot \frac{L^2 + x^2 + y^2 + z^2}{2},$$

$$(x + y)(y + z)(z + x) \cdot \left(\left(\frac{L^2 + x^2 + y^2 + z^2}{2} \right)^2 - Lxyz \right)$$

jedenfalls noch bzw. durch 3, 5, 7 teilbar sein müssen. Hier haben wir die oben erwähnte Quelle, aus der wir entnehmen können, daß der Fall I, falls $p = 3$ oder 5 ist, nicht möglich ist; denn der erste der Ausdrücke könnte nur dann durch 3 teilbar werden, wenn einer der Faktoren es wäre, was nach der Kongruenz (43) nur möglich ist, wenn bzw. z, x, y es wäre, gegen die Voraussetzung; aus gleichen Gründen könnte der zweite Ausdruck nur dann durch 5 teilbar sein, wenn entweder eine der Zahlen x, y, z durch 5 aufginge, was gegen die Voraussetzungen ist, oder wenn $L^2 + x^2 + y^2 + z^2$, d. h. wegen $L \equiv 0$ (mod. 5) wenn $x^2 + y^2 + z^2$ durch 5 teilbar wäre, was, wie leicht zu sehen ist, wieder nur geschähe, wenn eine der Zahlen x, y, z durch 5 aufginge. Doch versagt diese Schlußweise schon für den Exponenten 7, in welchem man zu der Folgerung käme, daß der Ausdruck

$$\left(\frac{L^2 + x^2 + y^2 + z^2}{2} \right)^2 - Lxyz$$

durch 7 aufgehen müßte, was wegen $L \equiv 0$ (mod. 7) auf die Teilbarkeit von $x^2 + y^2 + z^2$ durch 7 hinausläuft; aber diese ist möglich, auch wenn alle x, y, z durch 7 nicht teilbar sind, z. B. für $x = 1$, $y = 2$, $z = 3$, Werte, die freilich aus anderen Gründen nicht zulässig wären.

Daß aber auch für $p = 7$ der Fall I nicht statthaben kann, hat Legendre[1] mit Benutzung der Formel (20) aus der Kreisteilung gezeigt, welche für $p = 7$

$$4 v^7 = Y^2 + 7 \cdot Z^2$$

ergibt, worin, wie leicht gefunden wird,

$$Y = 2(y^3 + z^3) - yz(y + z), \quad Z = yz(y - z)$$

sind; da Z gerade ist, muß auch Y gerade sein, also

$$v^7 = \left(\frac{Y}{2}\right)^2 + 7 \cdot \left(\frac{Z}{2}\right)^2.$$

Da hiernach v ein Teiler der quadratischen Form $A^2 + 7 B^2$ ist, muß es bekanntlich die gleiche Form haben; setzt man also $v = a^2 + 7 b^2$, so ergibt sich

$$(a + b \sqrt{7})^7 = \frac{Y}{2} + \frac{Z}{2} \sqrt{7},$$

aus welcher Gleichung sich Z als durch 7 teilbar findet. Da nun im Falle I yz durch 7 unteilbar, so kommt

$$y \equiv z \quad (\text{mod. } 7),$$

und ebenso findet sich $x \equiv z$ und $x \equiv y$ (mod. 7), demnach auch

$$L = x + y + z \equiv 3x \equiv 3y \equiv 3z \quad (\text{mod. } 7),$$

also, wegen $L \equiv 0$ (mod. 7) alle drei Zahlen x, y, z teilbar durch 7.

Die gleiche Betrachtung ist aber für größere Primzahlen p im allgemeinen nicht mehr anwendbar.

14. Setzen wir

$$R = x^{2p} + y^{2p} + z^{2p},$$

so können wir diesem Ausdrucke vermittelst der vorausgesetzten Gleichung

$$x^p + y^p + z^p = 0$$

---

[1] Mém. de l'Acad. des Sc. 1823, p. 13.

verschiedene Gestalten geben[1]. Zunächst ist

$$x^{2p} + y^{2p} + z^{2p} = (x^p + y^p + z^p)^p - 2\,(y^p z^p + z^p y^p + x^p y^p)$$

also

$$R = -\,2\,(y^p z^p + z^p x^p + x^p y^p).$$

Da

$$z^p x^p + x^p y^p = x^p(y^p + z^p) = -\,x^{2p},$$

$$x^p y^p + y^p z^p = y^p(x^p + z^p) = -\,y^{2p},$$

$$y^p z^p + z^p x^p = z^p(x^p + y^p) = -\,z^{2p}$$

ist, so erhält man ferner

$$(44) \qquad R = 2\,(x^{2p} - y^p z^p) = 2\,(y^{2p} - z^p x^p) = 2\,(z^{2p} - x^p y^p).$$

Endlich, da

$$x^{2p} = (y^p + z^p)^2, \quad y^{2p} = (z^p + x^p)^2, \quad z^{2p} = (x^p + y^p)^2$$

ist, so findet sich auch noch

$$(45) \quad R = 2\,(y^{2p} + y^p z^p + z^{2p}) = 2\,(z^{2p} + z^p x^p + x^{2p}) = 2\,(x^{2p} + x^p y^p + y^{2p}).$$

Den Formeln (44) zufolge ist R teilbar durch jeden der drei Ausdrücke

$$(46) \qquad\qquad x^2 - yz, \quad y^2 - zx, \quad z^2 - xy,$$

nach den Formeln (45) aber auch durch jeden der drei Ausdrücke

$$(47) \qquad\qquad y^2 + yz + z^2, \quad z^2 + zx + x^2, \quad x^2 + xy + y^2;$$

um dies für den ersten von ihnen zu zeigen, genügt die Identität

$$y^{2p} + y^p z^p + z^{2p} = (y^{p+1} - z^{p+1})(y^{p-1} - z^{p-1})$$
$$+\; y^{p-1} \cdot z^{p-1} \cdot (y^2 + yz + z^2);$$

denn, sehen wir von dem Falle $p = 3$ gänzlich ab, so ist $p \equiv \pm 1$ (mod. 3), also einer der Faktoren des Produkts zur Rechten durch

$$y^3 - z^3 = (y - z)(y^2 + yz + z^2),$$

die ganze Seite also durch $y^2 + yz + z^2$ teilbar; in gleicher Weise bestätigt man die Aussage durch die beiden andern Formen (45) der

---

[1] Vgl. zu dieser und der folgenden Nr. A. Fleck, Miscellen zum großen Fermatschen Theorem, in Sitzungsberichten der Berliner Math. Gesellschaft, 8. Jahrg. S. 133; desgl. auch 9. Jahrg. S. 50.

Größe R. Den Ausdrücken (47) sind wir schon in Nr. 10 begegnet: gemäß der Formel (31) daselbst und dem dort bewiesenen Gesetze von Cauchy sind die Ausdrücke

$$u^{p(p-1)} - v^p = (y + z)^{p-1} - \frac{y^p + z^p}{y + z},$$

$$u'^{p(p-1)} - v'^p = (z + x)^{p-1} - \frac{z^p + x^p}{z + x},$$

$$u''^{p(p-1)} - v''^p = (x + y)^{p-1} - \frac{x^p + y^p}{x + y}$$

bzw. durch sie teilbar.

Man nenne nun $\mathfrak{G}$ den größten Teiler, welchen dieselben mit

$$L = x + y + z$$

gemeinsam haben, so daß man setzen kann

$$(48) \qquad \left\{ \begin{aligned} y^2 + yz + z^2 &= \mathfrak{G} \cdot A, \\ z^2 + zx + x^2 &= \mathfrak{G} \cdot B, \\ x^2 + xy + y^2 &= \mathfrak{G} \cdot C \end{aligned} \right.$$

und

$$L = x + y + z = \mathfrak{G} \cdot S,$$

während A, B, C, S vier Zahlen ohne gemeinsamen Teiler sind. Dann ist aber auch jede einzelne der Zahlen A, B, C zu S teilerfremd, d. h. $\mathfrak{G}$ ist auch größter gemeinsamer Teiler zwischen jedem einzelnen der Ausdrücke (47) und L. In der Tat, hätten etwa A und S einen gemeinsamen Primteiler π, so folgte aus der Gleichung

$$\mathfrak{G}(A - B) = (y - x)(x + y + z) = (y - x) \cdot \mathfrak{G}S,$$

d. i. aus

$$A - B = (y - x) \cdot S,$$

daß auch B diesen Primteiler π besäße, und in gleicher Weise aus

$$\mathfrak{G}(A - C) = (z - x)(x + y + z) = (z - x) \cdot \mathfrak{G}S,$$

daß ihn auch C hätte; demnach wäre nicht $\mathfrak{G}$ der größte, sondern $\mathfrak{G}\pi$ ein noch größerer gemeinsamer Teiler der Ausdrücke (47) und des Ausdrucks L, gegen die Voraussetzung.

Aber A, B, C sind auch drei Zahlen ohne gemeinsamen Teiler, d. h. $\mathfrak{G}$ ist auch der größte gemeinsame Teiler der drei Ausdrücke (47). Denn hätten sie einen gemeinsamen Primteiler π, so würde, da dieser mit den Zahlen A, B, C selbst zu S prim sein müßte, aus den Gleichungen

$$\mathfrak{G}\,(A - B) = (y - x) \cdot \mathfrak{G}\,S, \quad \mathfrak{G}\,(A - C) = (z - x) \cdot \mathfrak{G}\,S,$$

d. i.

$$A - B = (y - x) \cdot S, \quad A - C = (z - x) \cdot S$$

sich

$$(49) \qquad\qquad x \equiv y \equiv z \quad (\text{mod. } \pi)$$

ergeben, also nach der Gleichung $x^p + y^p + z^p = 0$ auch

$$0 \equiv 3\,x^p \equiv 3\,y^p \equiv 3\,z^p \quad (\text{mod. } \pi),$$

d. h., da die teilerfremden Zahlen x, y, z nicht alle drei durch π aufgehen, sich $\pi = 3$ herausstellen. Aber auch dieser Wert des Primfaktors π ist unzulässig; denn da alsdann wegen (49)

$$L = x + y + z \equiv 3x \equiv 3y \equiv 3z \equiv 0 \quad (\text{mod. } 3)$$

würde, A, B, C aber zu S prim sind, so müßte 3 ein Teiler von $\mathfrak{G}$ sein und dann würden die Ausdrücke (47) durch 9 teilbar, andererseits aber wegen (49) kongruent mit $3y^2$, $3z^2$, $3x^2$ (mod. 9) sein, also müßten die drei teilerfremden Zahlen x, y, z durch 3 teilbar sein. Somit können A, B, C überhaupt keinen Primteiler gemeinsam haben.

15. Aus der Gleichung

$$y^2 + yz + z^2 = (y + z)^2 - yz = (L - x)^2 - yz = L^2 - 2Lx + x^2 - yz$$

folgt, daß der größte gemeinsame Teiler $\mathfrak{G}$ von $y^2 + yz + z^2$ und L auch größter gemeinsamer Teiler von $x^2 - yz$ und L ist, ebenso auch von $y^2 - zx$ und L, wie auch von $z^2 - xy$ und L, so daß in den Gleichungen

$$(50) \quad x^2 - yz = \mathfrak{G} \cdot A_1, \quad y^2 - zx = \mathfrak{G} \cdot B_1, \quad z^2 - xy = \mathfrak{G} \cdot C_1$$

die Zahlen A_1, B_1, C_1 einzeln relativ prim sein müssen zu S. Daher sind auch A_1, B_1, C_1 und S vier Zahlen ohne gemeinsamen Teiler, oder $\mathfrak{G}$ ist auch größter gemeinsamer Teiler der vier Zahlen

$$x^2 - yz, \quad y^2 - xz, \quad z^2 - xy, \quad \text{und} \quad L.$$

Die drei Zahlen A_1, B_1, C_1 sind aber endlich auch drei Zahlen ohne gemeinsamen Teiler, d. h. $\mathfrak{G}$ ist der größte gemeinsame Teiler der Zahlen (46). Denn hätten sie einen gemeinsamen Primteiler π, der mit ihnen zugleich prim zu S sein müßte, so folgte aus den Gleichungen

$$\mathfrak{G} \cdot (A_1 - B_1) = (x - y)(x + y + z) = (x - y) \cdot \mathfrak{G} S$$

oder

$$A_1 - B_1 = (x - y) \cdot S$$

und

$$\mathfrak{G} \cdot (A_1 - C_1) = (x - z)(x + y + z) = (x - z) \cdot \mathfrak{G} S$$

oder

$$A_1 - C_1 = (x - z) \cdot S,$$

daß

$$(51) \qquad x \equiv y \equiv z \quad (\text{mod. } \pi)$$

sein müßte, und nun folgerte man, wie zuvor, zunächst, daß π nur gleich 3 sein könnte. Aber auch dieser Wert erweist sich als unzulässig; denn da wegen (51) sich dann

$$L = \mathfrak{G} \cdot S = x + y + z \equiv 3x \equiv 3y \equiv 3z \equiv 0 \quad (\text{mod. } \pi)$$

ergäbe, so müßte $\mathfrak{G}$ durch $\pi = 3$ teilbar sein; dann würden aber die Ausdrücke (50) und folglich R durch 9 teilbar sein, während diese Größe nach ihren drei Gestalten (45) kongruent $6x^{2\nu}$, $6y^{2\nu}$, $6z^{2\nu}$ (mod. 9) würden, es müßten also die drei teilerfremden Zahlen x, y, z durch 3 teilbar sein, was unmöglich ist. Also können A_1, B_1, C_1 überhaupt keine Teiler gemeinsam haben.

Jede der drei Zahlen A, B, C ist zu jeder der drei Zahlen A_1, B_1, C_1 relativ prim, also ist $\mathfrak{G}$ der größte gemeinsame Teiler der sechs Zahlen (46) und (47). Denn, hätte z. B. A einen gemeinsamen Primteiler π mit A_1, so wäre dieser doch ungerade und relativ prim zu S; da er nun in

$$\mathfrak{G} \cdot (A - A_1) = (y + z - x)(x + y + z) = (y + z - x) \cdot \mathfrak{G} S,$$

d. i. in

$$A - A_1 = (y + z - x) \cdot S$$

aufgehen müßte, würde

$$y + z \equiv x \quad (\text{mod. } \pi),$$

also

$$(y + z)^p \equiv x^p \quad \text{oder} \quad (y + z)^p + y^p + z^p \equiv 0 \quad (\text{mod. } \pi)$$

sein. Da andererseits

$$(y + z)^p - y^p - z^p$$

durch $y^2 + yz + z^2$, also durch π teilbar ist, so kommt in Verbindung mit vorstehender Kongruenz

$$2 \cdot (y + x)^p \equiv 0 \quad (\text{mod. } \pi),$$

d. h. $y + z \equiv x \equiv 0$ (mod. π), woraus nach der ersten der Gleichungen (50) auch eine der Zahlen y, z durch π teilbar sich ergäbe, was doch den Voraussetzungen zuwider. Hätte aber A mit B_1 oder C_1 einen gemeinsamen Primteiler π, so folgerte man aus der Gleichung

$$\mathfrak{G} \cdot (A - B_1) = z(x + y + z) = z \cdot \mathfrak{G} S,$$

d. i.

$$A - B_1 = z \cdot S$$

bzw.

$$\mathfrak{G} \cdot (A - C_1) = y(x + y + z) = y \cdot \mathfrak{G} S,$$

d. i.

$$A - C_1 = y S,$$

daß z bzw. y durch π teilbar sein müßte, also nach der zweiten bzw. dritten der Gleichungen (50) auch y bzw. z, was doch den Voraussetzungen widerspricht. Analog bestätigt sich die Behauptung bezüglich der Zahlen B, C.

Endlich ist $\mathfrak{G}$, wenn es nicht teilbar ist durch 3, auch der größte gemeinsame Teiler der beiden Zahlen

$$L = x + y + z, \quad M = yz + zx + xy.$$

Denn aus der Gleichung

$$\mathfrak{G}(A_1 + B_1 + C_1) = x^2 + y^2 + z^2 - (yz + zx + xy) = L^2 - 3M$$

$$= \mathfrak{G}^2 \cdot S^2 - 3M$$

ergibt sich $\mathfrak{G}$ als ein gemeinsamer Teiler von L und M; ist aber δ der größte gemeinsame Teiler dieser beiden Zahlen, so folgt aus

$$yz + zx + xy \equiv 0 \quad (\text{mod. } \delta)$$

jede der Kongruenzen

$$-yz \equiv zx + xy, \quad -zx \equiv xy + yz, \quad -xy \equiv yz + zx,$$

also

$$x^2 - yz \equiv x \cdot L \equiv 0$$
$$y^2 - zx \equiv y \cdot L \equiv 0 \qquad \text{(mod. } \delta\text{)},$$
$$z^2 - xy \equiv z \cdot L \equiv 0$$

mithin δ als ein Teiler aller drei Zahlen (46) d. i. als ein Teiler ihres größten gemeinsamen Teilers $\mathfrak{G}$, und somit folgt $\delta = \mathfrak{G}$.

Nun ist $\mathfrak{G}$ dann, und nur dann, durch 3 nicht teilbar, wenn eine der Zahlen x, y, z durch 3 aufgeht. Das erstere leuchtet unmittelbar ein, da, wenn z. B. $z \equiv 0$ (mod. 3) ist, sich $y^2 + yz + z^2 \equiv y^2 \equiv 1$ (mod. 3), also $\mathfrak{G}$ sich mit diesem Ausdrucke zugleich durch 3 nicht teilbar ergibt. Sind aber alle drei Zahlen x, y, z durch 3 nicht teilbar, so wird

$$R = x^{2p} + y^{2p} + z^{2p} \equiv 0 \quad \text{(mod. 3)},$$

andererseits

$$R = 2\,(y^{2p} + y^p z^p + z^{2p})$$
$$\equiv 2\,(2 + yz) \equiv 1 + 2yz \quad \text{(mod. 3)},$$

mithin $yz \equiv 1$ oder $y \equiv z$ und ebenso $z \equiv x$, $x \equiv y$ (mod. 3); dann werden aber die Ausdrücke

$$y^2 + yz + z^2, \quad z^2 + zx + x^2, \quad x^2 + xy + y^2$$

sämtlich durch 3 teilbar, also auch ihr größter gemeinsamer Teiler $\mathfrak{G}$.

16. Wenn wieder x, y, z eine mögliche Lösung der Gleichung

$$x^p + y^p + z^p = 0$$

bedeuten, so gelten nach den Abelschen Formeln des Falles I die Beziehungen:

$$(52) \qquad \begin{cases} x = -\,u^p + \dfrac{u^p + u'^p + u''^p}{2}, \\[2mm] y = -\,u'^p + \dfrac{u^p + u'^p + u''^p}{2}, \\[2mm] z = -\,u''^p + \dfrac{u^p + u'^p + u''^p}{2}, \end{cases}$$

also

$$(53) \qquad x + y + z = \frac{u^p + u'^p + u''^p}{2}$$

und folglich nach (43) die Kongruenz:

(54) $$u^p + u'^p + u''^p \equiv 0 \quad (\text{mod. } p).$$

Da nun ferner

$$y + z = u^p, \quad z + x = u'^p, \quad x + y = u''^p$$

war, so ergibt sich für die vorausgesetzte Lösung x, y, z aus der Gleichung (29) die folgende Kongruenz:

(55)
$$\begin{cases}
(u^p + u'^p + u''^p)^p \equiv 4\, p \cdot u^p u'^p u''^p \\[2mm]
\sum \frac{(p-1)!}{(2\lambda + 1)!\,(2\mu + 1)!\,(2\nu + 1)!} \cdot u^{2\lambda p} \cdot u'^{2\mu p} \cdot u''^{2\nu p}, \\[2mm]
\left(\lambda + \mu + \nu = \frac{p-3}{2}\right)
\end{cases}$$

die sich auch unmittelbar aus der allgemeinen Formel (28) findet, wenn man $\xi = u^p$, $\eta = u'^p$, $\zeta = u''^p$ einsetzt. Ihr zufolge muß

(56) $$u^p + u'^p + u''^p = 2\,p\,u\,u'\,u'' \cdot P,$$

(57)
$$\begin{cases}
\sum \dfrac{(p-1)!}{(2\lambda + 1)!\,(2\mu + 1)!\,(2\nu + 1)!} \cdot u^{2\lambda p}\, u'^{2\mu p}\, u''^{2\nu p} \\[2mm]
\qquad = 2^{p-2} \cdot p^{p-1} \cdot P^p
\end{cases}$$

sein, unter P eine ganze Zahl verstanden [1].

Die erste dieser Gleichungen ergibt sich einfacher unmittelbar aus den Abelschen Formeln. Da nach ihnen in den Gleichungen (52)

$$x = -\,u\,v, \quad y = -\,u'\,v', \quad z = -\,u''\,v''$$

zu setzen ist, so geben diese Gleichungen als Kongruenzen (mod. u, u', u'') bzw. aufgefaßt

$$0 \equiv u'^p + u''^p, \quad \text{also auch} \quad 0 \equiv u^p + u'^p + u''^p \quad (\text{mod. } u),$$

$$0 \equiv u''^p + u^p, \quad \text{also auch} \quad 0 \equiv u^p + u'^p + u''^p \quad (\text{mod. } u'),$$

$$0 \equiv u^p + u'^p, \quad \text{also auch} \quad 0 \equiv u^p + u'^p + u''^p \quad (\text{mod. } u'')$$

und, da u, u', u'' zu je zweien teilerfremd sind, auch die Kongruenz

(58) $$0 \equiv u^p + u'^p + u''^p \quad (\text{mod. } u\,u'\,u'');$$

[1] **Wendt**, Journal f. d. reine u. angew. Mathem. 113 (1894), S. 335.

es ist ferner nach (54) $u^p + u'^p + u''^p$ durch die zum Modul $u\,u'\,u''$ prime Zahl p teilbar; und da von den Zahlen x, y, z zwei ungerade, die dritte gerade sein müssen, v, v', v'' aber ungerade Zahlen sind, erhält man etwa u, u' als ungerade, u'' als gerade Zahl, $u'' = 2^a \cdot u_2$, wo u_2 ungerade ist: dann folgt aber $z = -\,2^a \cdot v_2$, wo auch v_2 ungerade, und

$$u^p + u'^p = 2^{a\,p} \cdot u_2^p - 2^{a+1} \cdot v_2,$$

also $\dfrac{u^p + u'^p}{u''}$ teilbar durch 2, ebenso $\dfrac{u''^p}{u''}$; die Kongruenz (mod. $u\,u'\,u''$) besteht also auch noch (mod. $2\,u\,u'\,u''$), und damit ist die Gleichung (56) aufs neue begründet.

Könnte man nachweisen, daß es drei teilerfremde, durch p nicht teilbare Zahlen u, u', u'' nicht gibt, für welche die Quotienten

$$\frac{u'^p + u''^p}{u}, \qquad \frac{u''^p + u^p}{u'}, \qquad \frac{u^p + u'^p}{u''}$$

ganze Zahlen sind, so wäre damit die Unmöglichkeit der Fermatschen Gleichung im Falle I bewiesen. Aber auch wenn es solche Zahlen gibt, folgt daraus nicht ihre Möglichkeit. So ist in der Tat $u = 1$, $u' = 2$, $u'' = 3$ stets ein Tripel solcher Zahlen, da

$$\frac{2^p + 3^p}{1}, \qquad \frac{3^p + 1^p}{2}, \qquad \frac{1^p + 2^p}{3} = \frac{1^p + (3-1)^p}{3}$$

ganzzahlig sind; aber die Bedingung (54) erfordert

$$0 \equiv 1^p + 2^p + 3^p \equiv 1 + 2 + 3 = 6 \quad (\text{mod. } p),$$

also $p = 3$, und dann käme

$$1^3 + 2^3 + 3^3 = 1 + 8 + 27 = 36$$

und nach den Formeln (52)

$$x = -\,1 + 18 = 17, \quad y = -\,8 + 18 = 10, \quad z = -\,27 + 18 = -\,9,$$

für welche Zahlen offenbar die Gleichung

$$x^3 + y^3 + z^3 = 0$$

nicht besteht

17. Setzt man in der allgemeinen Formel (28) $\xi = \eta = \zeta = 1$, so findet man die Gleichung

$$(59) \qquad \frac{3^p - 3}{p} = 4 \cdot \sum \frac{(p - 1)!}{(2\lambda + 1)!(2\mu + 1)!(2\nu + 1)!} ,$$
$$\left(\lambda + \mu + \nu = \frac{p - 3}{2} \right)$$

und wenn man $\xi = 2$, $\eta = \zeta = 1$ einsetzt, die andere Gleichung:

$$(60) \qquad \frac{2^p - 2}{p} = \frac{8}{2^p} \cdot \sum \frac{(p - 1)!}{(2\lambda + 1)!(2\mu + 1)!(2\nu + 1)!} \cdot 2^{2\lambda} ,$$
$$\left(\lambda + \mu + \nu = \frac{p - 3}{2} \right)$$

die auch aus (29) hervorgeht durch eine jede der Substitutionen $x = y = 1$ oder $x = y = \frac{1}{2}$. Aus diesen Gleichungen lassen sich die bekannteren Ausdrücke für den Rest der genannten beiden Quotienten herleiten. Die Summe in (59) kann geschrieben werden wie folgt:

$$\sum \frac{(p - 1)!}{(2\mu + 1)!(2\nu + 1)!} + \frac{(p - 1)(p - 2)}{1 \cdot 2 \cdot 3} \cdot \sum \frac{(p - 3)!}{(2\mu + 1)!(2\nu + 1)!}$$
$$\left(\mu + \nu = \frac{p - 3}{2} \right) \qquad\qquad \left(\mu + \nu = \frac{p - 5}{2} \right)$$

$$+ \frac{(p - 1)(p - 2)(p - 3)(p - 4)}{1 \cdot 2 \cdot 3 \cdot 4 \cdot 5} \cdot \sum \frac{(p - 5)!}{(2\mu + 1)!(2\nu + 1)!} + \cdots$$
$$\left(\mu + \nu = \frac{p - 7}{2} \right)$$

Nun ist aber für jede gerade Zahl n

$$(61) \qquad 2^n = (1 - 1)^n - (1 - 1)^n = 2 \cdot \sum \frac{n!}{(2\mu + 1)!(2\nu + 1)!} ,$$
$$\left(\mu + \nu = \frac{n - 2}{2} \right)$$

die vorige Summe also gleich der folgenden:

$$2^{p-2} + \frac{(p - 1)(p - 2)}{1 \cdot 2 \cdot 3} \cdot 2^{p-4}$$
$$+ \frac{(p - 1)(p - 2)(p - 3)(p - 4)}{1 \cdot 2 \cdot 3 \cdot 4 \cdot 5} \cdot 2^{p-6} + \cdots$$

Faßt man daher die Gleichung (59) als Kongruenz (mod. p) auf, so kommt:

$$(62) \qquad \frac{3^p - 3}{p} \equiv 2^p + \tfrac{1}{3} \cdot 2^{p-2} + \tfrac{1}{5} \cdot 2^{p-4} + \cdots \quad (\text{mod. } p),$$

wo die Brüche in zahlentheoretischem Sinne zu deuten sind, nämlich die Socii (mod. p) ihrer Nenner bezeichnen. Ebenso ergibt sich aus (60)

$$(63) \qquad \begin{cases} \dfrac{2^p - 2}{p} = \dfrac{8}{2^p} \left[2^{p-2} + \dfrac{(p-1)(p-2)}{1 \cdot 2 \cdot 3} \cdot 2^{p-4+2} \right. \\[2ex] \left. \qquad + \dfrac{(p-1)(p-2)(p-3)(p-4)}{1 \cdot 2 \cdot 3 \cdot 4 \cdot 5} \cdot 2^{p-6+4} + \cdots \right], \end{cases}$$

also die Kongruenz

$$(64) \qquad \frac{2^p - 2}{p} \equiv 2 \left(1 + \tfrac{1}{3} + \tfrac{1}{5} + \cdots \right) \quad (\text{mod. } p),$$

wo bezüglich der Brüche das gleiche zu bemerken ist. Man kann diesen beiden Kongruenzen mannigfache andere Gestalt geben, worüber hier auf des Verfassers Niedere Zahlentheorie, Bd. I, S. 162/4 verwiesen sei. Wir führen nur zwei derselben noch an. Da in zahlentheoretischer Bedeutung

$$1 + \tfrac{1}{2} + \tfrac{1}{3} + \cdots + \frac{1}{p-1} \equiv 0 \quad (\text{mod. } p)$$

gefunden wird, folgt aus (64) sogleich der neue Ausdruck dieser Kongruenz

$$(65) \qquad \frac{2^p - 2}{p} \equiv 1 - \tfrac{1}{2} + \tfrac{1}{3} - \cdots - \frac{1}{p-1} \quad (\text{mod. } p).$$

Da ferner

$$3^p = (2+1)^p = 2^p + \binom{p}{1} 2^{p-1} + \binom{p}{2} 2^{p-2} + \cdots + \binom{p}{p-1} 2 + 1$$

ist, folgt

$$\frac{3^p - 3}{p} \equiv \frac{2^p - 2}{p} + 2^{p-1} - \tfrac{1}{2} \cdot 2^{p-2} + \cdots - \frac{1}{p-1} \cdot 2 \quad (\text{mod. } p),$$

und aus dieser Beziehung zwischen den beiden Quotienten mit Rücksicht auf (62) noch folgende Kongruenz:

$$(66) \qquad \begin{cases} \dfrac{2^p - 2}{p} \equiv 2^{p-1} + \tfrac{1}{2} \cdot 2^{p-2} + \tfrac{1}{3} \cdot 2^{p-3} + \cdots \\[2ex] \qquad\qquad\qquad + \dfrac{1}{p-1} \cdot 2 \quad (\text{mod. } p). \end{cases}$$

Diese Quotienten haben neuerdings für das Fermat-Problem besondere Bedeutung gewonnen durch einen Satz des Herrn **Wieferich**; man hat deshalb versucht, für ihren Rest (mod. p) noch andere Ausdrücke zu gewinnen, um über ihre weitere Teilbarkeit durch p ein Urteil zu erhalten. Einen solchen, der auf die Kreisteilung führt, hat der Verfasser angegeben [1]. Man beachte die für jede ganze Zahl m gültige Beziehung:

$$(67) \qquad \sum_{h=1}^{p-1} \frac{\sin m \cdot \dfrac{2h\pi}{p}}{\sin \dfrac{2h\pi}{p}} \equiv -m \quad (\text{mod. } p).$$

Um sie zu beweisen, setze man $r = e^{\frac{2\pi i}{p}}$, wodurch die fragliche Summe gleich

$$\sum_{h=1}^{p-1} \frac{r^{mh} - r^{-mh}}{r^h - r^{-h}} = \sum_{i=0}^{m-1} \sum_{h=1}^{p-1} r^{(m-1-2i)h}$$

wird; da hier die auf h bezügliche Summe, je nachdem $m - 1 - 2i$ durch p teilbar ist oder nicht, gleich $p - 1$ oder gleich -1, stets also $\equiv -1$ (mod. p) ist, so läßt die Doppelsumme in der Tat den Rest $-m$ (mod. p).

Geht man nun aus von der Formel (65), der man mit Verwendung des Summenzeichens die Gestalt

$$\frac{2^p - 2}{p} \equiv \sum_{s=1}^{p-1} (-1)^{s+1} \cdot s' \quad (\text{mod. } p)$$

geben kann, wo s' den Sozius (mod. p) zu s bedeutet, so wird

$$\frac{2^p - 2}{p} \equiv \sum_{s=1}^{p-1} (-1)^s \cdot \sum_{h=1}^{p-1} \frac{\sin s' \dfrac{2h\pi}{p}}{\sin \dfrac{2h\pi}{p}}.$$

Da man aber in der auf h bezüglichen Summe diese Zahl irgend-

---

[1] **Journ. für Mathematik** Bd. 142, S. 41.

ein Restsystem (mod. p) durchlaufen lassen kann, läßt sich dafür auch $h\,s$ und

$$\frac{2^p - 2}{p} \equiv \sum_s (-1)^s \cdot \sum_h \frac{\sin \dfrac{2\,h\,\pi}{p}}{\sin \dfrac{2\,h\,s\,\pi}{p}}$$

$$\equiv \sum_h \sin \frac{2\,h\,\pi}{p} \cdot \sum_s \frac{(-1)^s}{\sin \dfrac{2\,h\,s\,\pi}{p}}$$

schreiben. Unterscheidet man jetzt die geraden Werte g und die ungeraden Werte u von s, so ist

$$\sum_s \frac{(-1)^s}{\sin \dfrac{2\,h\,s\,\pi}{p}} = \sum_g \frac{1}{\sin \dfrac{2\,h\,g\,\pi}{p}} - \sum_u \frac{1}{\sin \dfrac{2\,h\,u\,\pi}{p}}$$

$$= \sum_g \left(\frac{1}{\sin \dfrac{2\,h\,g\,\pi}{p}} - \frac{1}{\sin \dfrac{2\,h\,(p-g)\,\pi}{p}} \right)$$

$$= 2 \cdot \sum_g \frac{1}{\sin \dfrac{2\,h\,g\,\pi}{p}},$$

also wird

$$\frac{2^p - 2}{p} \equiv 2 \cdot \sum_h \sin \frac{2\,h\,\pi}{p} \sum_g \frac{1}{\sin \dfrac{2\,h\,g\,\pi}{p}}$$

oder

$$(68) \qquad \frac{2^{p-1} - 1}{p} \equiv \sum_h (r^h - r^{-h}) \sum_g \frac{r^{g\,h}}{r^{2\,g\,h} - 1} \qquad (\text{mod. } p).$$

In dieser Formel ist die rechte Seite auf ihren reellen Bestandteil zu beschränken, indem der imaginäre von selbst verschwinden muß (mod. p).

Die am angegebenen Orte gegebene Formel lautet

$$(69) \qquad \frac{2^{p-1} - 1}{p} \equiv \sum_h (r^h - r^{-h}) \sum_g \frac{1}{r^{2\,g\,h} - 1} \qquad (\text{mod. } p)$$

und scheint mit der vorigen nicht vereinbar; indessen ist auch sie richtig, aber ein neuer Ausdruck für eine andere der elementaren

Formeln, durch welche man den Rest von $\dfrac{2^{p-1} - 1}{p}$ bestimmen kann. In der Tat kann man sie schreiben wie folgt:

$$\frac{2^{p-1} - 1}{p} \equiv \sum_h (r^h - r^{-h}) \sum_g \frac{r^{-gh}}{r^{gh} - r^{-gh}}$$

$$\equiv \sum_h \frac{r^h - r^{-h}}{2\sqrt{-1}} \sum_g \left(\frac{\cos \dfrac{2gh\pi}{p}}{\sin \dfrac{2gh\pi}{p}} - \sqrt{-1} \right),$$

$$\equiv \sum_h \frac{r^h - r^{-h}}{2\sqrt{-1}} \sum_g \frac{\cos \dfrac{2gh\pi}{p}}{\sin \dfrac{2gh\pi}{p}} - \sum_h \frac{r^h - r^{-h}}{2} \cdot \frac{p-1}{2}$$

oder

$$\frac{2^{p-1} - 1}{p} \equiv \sum_g \sum_h \frac{\sin \dfrac{2h\pi}{p} \cdot \cos \dfrac{2gh\pi}{p}}{\sin \dfrac{2gh\pi}{p}}$$

$$\equiv \sum_g \sum_h \frac{\sin \dfrac{2g'h\pi}{p} \cdot \cos \dfrac{2h\pi}{p}}{\sin \dfrac{2h\pi}{p}}$$

$$\equiv \tfrac{1}{2} \sum_g \sum_h \left(\frac{\sin (g' + 1) \dfrac{2h\pi}{p}}{\sin \dfrac{2h\pi}{p}} + \frac{\sin (g' - 1) \dfrac{2h\pi}{p}}{\sin \dfrac{2h\pi}{p}} \right),$$

worin g' den Socius (mod. p) von g bezeichnet. Das gibt aber nach der Formel (67)

$$\frac{2^{p-1} - 1}{p} \equiv -\tfrac{1}{2} \sum_g \big((g' + 1) + (g' - 1) \big) \equiv -\sum_g g' \quad (\text{mod.}\ p),$$

d. h.

$$\frac{2^{p-1} - 1}{p} \equiv -\left(\tfrac{1}{2} + \tfrac{1}{4} + \tfrac{1}{6} + \cdots + \frac{1}{p-1} \right) \quad (\text{mod.}\ p),$$

oder

$$(70) \qquad \frac{2^p - 2}{p} \equiv - 2 \left(\tfrac{1}{2} + \tfrac{1}{4} + \tfrac{1}{6} + \cdots + \frac{1}{p-1} \right) \quad (\mathrm{mod}.\ p);$$

und diese Formel erhält man wirklich aus der Kongruenz (65), wenn man die andere:

$$0 \equiv 1 + \tfrac{1}{2} + \tfrac{1}{3} + \cdots + \frac{1}{p-1} \quad (\mathrm{mod}.\ p)$$

von ihr subtrahiert.

Schreibt man nun

$$f_h(x) = \prod_g (x - r^{2gh}) = \prod_{s=1}^{\frac{p-1}{2}} (x - r^{4hs}),$$

so geht die Formel (69) in die folgende über:

$$(71) \qquad \frac{2^{p-1} - 1}{p} \equiv \sum_h (r^h - r^{-h}) \cdot \frac{f_h'(1)}{f_h(1)} \quad (\mathrm{mod}.\ p).$$

Der Ausdruck

$$f_{-h}(x) = \prod_{s=1}^{\frac{p-1}{2}} (x - r^{-4hs})$$

ist konjugiert imaginär zu $f_h(x)$, und das Produkt

$$f_h(x) \cdot f_{-h}(x) = \prod_{s=1}^{\frac{p-1}{2}} (x - r^{4hs})(x - r^{-4hs})$$

$$= \prod_{s=1}^{p-1} (x - r^{4hs}) = F(x) = \frac{x^p - 1}{x - 1};$$

daraus ergibt sich

$$\frac{f_h'(x)}{f_h(x)} + \frac{f_{-h}'(x)}{f_{-h}(x)} = \frac{F'(x)}{F(x)},$$

also

$$\frac{f_h'(1)}{f_h(1)} + \frac{f_{-h}'(1)}{f_{-h}(1)} = \frac{F'(1)}{F(1)} = \frac{p-1}{2},$$

demnach der reelle Bestandteil von $\dfrac{f_h'(1)}{f_h(1)}$ gleich $\dfrac{p-1}{4}$; dieser verschwindet aber aus der Summe in (71), und wenn daher J_h den imaginären Bestandteil von $\dfrac{f_h'(1)}{f_h(1)}$ bezeichnet, so hat man nach (71) die Kongruenz

$$(72) \qquad \frac{2^{p-1}-1}{p} \equiv \sum_{h=1}^{p-1} (r^h - r^{-h}) \cdot J_h \quad (\text{mod. } p).$$

18. Auf ganz anderem Grundgedanken, wie die bisher erwähnten Beweise, beruhen spätere Versuche zur Lösung des Fermat-Problems, und schon Legendre hat in seiner großen Abhandlung in den Mém. de l'Acad. des Sciences 1823 sich diesen Gedanken, der übrigens sehr nahe liegt, zu eigen gemacht. Soll nämlich die Gleichung

$$x^p + y^p + z^p = 0$$

für ganze Zahlen bestehen, so muß es auch die Kongruenz

$$x^p + y^p + z^p \equiv 0$$

nach jedem beliebigen Modul, und man kann daher die Folgerungen aus solcher Kongruenz suchen und versuchen, ob daraus für x, y, z notwendige Bedingungen zu erschließen sind, denen sie doch nicht genügen können, und so die Unmöglichkeit der Gleichung zu beweisen. Bisher sind freilich diese Versuche vergeblich gewesen.

Als geeignetste Moduln zu solchem Zwecke erscheinen der Modul p, sowie die Primzahlmoduln π von der Form $2hp+1$, in derem Exponenten $\pi-1$ für den Fermatschen Lehrsatz die Primzahl p aufgeht.

Wir betrachten zunächst die Kongruenz in bezug auf den Modul p:

$$(73) \qquad x^p + y^p + z^p \equiv 0 \quad (\text{mod. } p).$$

Unmittelbar aus ihr zieht man nach dem Fermatschen Lehrsatze wie schon in (43) die andere:

$$74) \qquad L = x + y + z \equiv 0 \quad (\text{mod. } p).$$

Da aus $x + y \equiv - z$ (mod. p) sich $(x+y)^p \equiv - z^p$ (mod. p^2) ergibt, findet man

$$(75) \qquad (x+y)^p - x^p - y^p \equiv - x^p - y^p - z^p = 0 \quad (\text{mod. } p^2),$$

und somit wird der in der Formel (31) mit $f(x, y)$ bezeichnete Ausdruck durch p teilbar sein. Aus (74) folgt gemäß der Beziehung (53), wie schon gefunden,

$$(76) \qquad u^p + u'^p + u''^p \equiv 0 \quad (\text{mod. } p),$$

und nun aus (52)

$$x \equiv - u^p \equiv - u, \quad y \equiv - u'^p \equiv - u', \quad z \equiv - u''^p \equiv - u \quad (\text{mod. } p),$$

daher

$$x^p + y^p + z^p \equiv - (u^p + u'^p + u''^p) \quad (\text{mod. } p^2),$$

also

$$(77) \qquad u^p + u'^p + u''^p \equiv 0 \quad (\text{mod. } p^2),$$

oder auch

$$L = x + y + z \equiv 0 \quad (\text{mod. } p^2).$$

Aus $y + z \equiv - x \ (\text{mod. } p^2)$ folgt aber $(y + z)^p \equiv - x^p \ (\text{mod. } p^3)$, d. h.

$$u^{p^2} \equiv u^p v^p \quad (\text{mod. } p^3)$$

oder

$$(u^{p-1})^p - v^p \equiv 0 \quad (\text{mod. } p^3).$$

Die linke Seite ist das Produkt

$$\frac{(u^{p-1})^p - v^p}{u^{p-1} - v} \cdot (u^{p-1} - v),$$

dessen erster Faktor, wie aus Nr. 5 bekannt, nur dann durch p aufgehen kann, wenn es der zweite tut, und alsdann nur einmal; mithin schließt man aus der vorigen Kongruenz, und da $v \equiv 1 \ (\text{mod. } p^2)$ ist,

$$(78) \qquad u^{p-1} \equiv v \equiv 1 \quad (\text{mod. } p^2),$$

also

$$u^p \equiv u \quad (\text{mod. } p^2)$$

und

$$x^{p-1} = u^{p-1} v^{p-1} \equiv 1, \quad x^p \equiv x \quad (\text{mod. } p^2);$$

ganz ebenso aber auch $y^p \equiv y$, $z^p \equiv z \ (\text{mod. } p^2)$. Und nunmehr folgt wegen (77)

$$x \equiv - u^p \equiv - u, \quad y \equiv - u'^p \equiv - u', \quad z \equiv u''^p \equiv - u'' \quad (\text{mod. } p^2),$$

also

$$0 = x^p + y^p + z^p \equiv - (u^p + u'^p + u''^p) \quad (\text{mod. } p^3),$$

also auch

$$(79) \qquad L = x + y + z \equiv 0 \quad (\text{mod. } p^3).$$

Da zudem aus (78) sich

$$u^{p(p-1)} \equiv 1 \quad (\text{mod. } p^3)$$

ergibt, und $x \equiv - u^p$ (mod. p^3) ist, so folgt

$$x^{p-1} \equiv 1 \quad (\text{mod. } p^3)$$

und allgemeiner

(80) $$x^{p-1} \equiv y^{p-1} \equiv z^{p-1} \equiv 1 \quad \Big\}$$
oder $$\qquad\qquad\qquad\qquad\qquad\qquad\Big\} \ (\text{mod. } p^3).$$
(81) $$x^p \equiv x, \quad y^p \equiv y, \quad z^p \equiv z \ \Big\}$$

Noch findet man wegen

$$x \equiv - u^p, \quad \text{desgleichen} \quad y \equiv - u'^p, \quad z \equiv - u''^p \ (\text{mod. } p^3),$$

daß

$$0 = - x^p - y^p - z^p \equiv u^{p^2} + u'^{p^2} + u''^{p^2} \ (\text{mod. } p^4)$$

oder wegen (81)

$$x^{p^2} + y^{p^2} + z^{p^2} \equiv 0 \quad (\text{mod. } p^4)$$

ist.

Man hat ferner

$$x + y + z = - uv + u^p = - u'v' + u'^p = - u''v'' + v''^p,$$

also teilbar durch jede der relativ primen Zahlen u, u', u'' und daher teilbar auch durch ihr Produkt. Da dies letztere auch prim ist gegen p, so findet sich mit Rücksicht auf (79) die Gleichung

(82) $$L = x + y + z = u\,u'u'' \cdot p^3 \cdot m,$$

in welcher m eine ganze Zahl und mit welcher Gleichung die Formel (59) noch einmal bestätigt wird.

Diese Formel lehrt untere Grenzen für die Größen x, y, z kennen. Man kann in der Fermatschen Gleichung, nötigenfalls indem man sie mit -1 multipliziert, zwei der Zahlen, etwa x, y als positiv, die dritte, also z als negativ voraussetzen. Ist dann $\bar z$ der numerische Wert von z, so wird etwa $0 < x < y < \bar z$ sein. Aus (82) schließt man also

$$x + y = \bar z + u\,u'u'' \cdot p^3 m,$$

demnach

$$x + y \gtreqless \bar z + u\,u'u'' \cdot p^3.$$

Nun sind u, u', u'' zu je zweien relativ prime Zahlen und müssen voneinander verschieden sein, da nach (17a) sonst zwei der Zahlen

x, y, z einander gleich sein würden, gegen Voraussetzung; die kleinsten Zahlenwerte, die u, u', u'' haben könnten, wären somit 1, 2, 3, also wird jedenfalls

$$x + y \lessgtr \bar{z} + 6p^3$$

sein. Daraus folgt $x > 6p^3$, da sonst wegen $x < 6p^3$, $y < \bar{z}$ die Ungleichheit nicht bestünde. Die Zahlen x, y, z sind jedenfalls größer als $6p^3$.

Da ferner aus (82)

$$L = x + y + z \equiv 0 \quad (\text{mod. } p^3)$$

folgt, so ist $-z \equiv x + y$ (mod. p^3), also $z^p \equiv -(x+y)^p$ (mod. p^4) und statt (75) ergibt sich die genauere Kongruenz

$$(x + y)^p - x^p - y^p \equiv 0 \quad (\text{mod. } p^4),$$

also der in Formel (31) auftretende Ausdruck $f(x, y)$ durch p^3 teilbar. Der Symmetrie der **Fermat**schen Gleichung in bezug auf x, y, z wegen schließt man ebenso

$$\left. \begin{array}{l} (y + z)^p - z^p - y^p \equiv 0 \\ (z + x)^p - x^p - z^p \equiv 0 \end{array} \right\} \quad (\text{mod. } p^4).$$

Man erhält aus diesen Kongruenzen den überaus wichtigen Satz: Sind x, y, z Zahlen des Falles I, so leisten die sechs (mod. p^3) genommenen Quotienten $\dfrac{x}{y}$, $\dfrac{y}{x}$, $\dfrac{x}{z}$, $\dfrac{z}{x}$, $\dfrac{y}{z}$, $\dfrac{z}{y}$, **sämtlich der Kongruenz**

$$(t + 1)^p - t^p - 1 \equiv 0 \quad (\text{mod. } p^4)$$

Genüge.

19. Aus den Kongruenzen (80) folgt

$$(83) \qquad y^{p-1} - z^{p-1} = \frac{y^{p-1} - z^{p-1}}{y - z} \cdot (y - z) \equiv 0 \quad (\text{mod. } p^3).$$

Setzt man nun $y - z = s$, so ist

$$\frac{y^{p-1} - z^{p-1}}{y - z} = \frac{(z + s)^{p-1} - z^{p-1}}{s}$$

$$= s^{p-2} + \binom{p-1}{1} s^{p-3} z + \ldots + \binom{p-1}{p-2} z^{p-2}.$$

Geht $y - x = s$ durch p auf, so kann p in diesem Quotienten nicht aufgehen, da $\binom{p-1}{p-2}$ es nicht tut, und ebensowenig x, weil sonst gegen die Voraussetzungen auch y durch p teilbar wäre. Somit muß wegen (83) dann $y \equiv z$ (mod. p^3) sein, und da nach (79) auch $x + y + z \equiv 0$ (mod. p^3) ist, so folgt $x \equiv -2z$, also

$$0 = x^p + y^p + z^p \equiv (2 - 2^p)\,z^p \quad (\text{mod. } p^4),$$

demnach

(84)
$$\frac{2^{p-1} - 1}{p} \equiv 0 \quad (\text{mod. } p^3).$$

Eine Lösung, bei welcher die Kongruenz $y \equiv z$ (mod. p), oder allgemeiner eine der Kongruenzen

(85)
$$y \equiv z, \quad z \equiv x, \quad x \equiv y \quad (\text{mod. } p)$$

stattfindet, ist also nur möglich, wenn die Bedingung (84) erfüllt ist. Ist diese für die Primzahl p nicht erfüllt, so könnte demnach nur eine Lösung der Fermatschen Gleichung vorhanden sein, bei welcher keine der Kongruenzen (85) stattfindet, und für eine solche müßten dann die drei Kongruenzen

$$\frac{y^{p-1} - z^{p-1}}{y - z} \equiv 0, \quad \frac{z^{p-1} - x^{p-1}}{z - x} \equiv 0, \quad \frac{x^{p-1} - y^{p-1}}{x - y} \equiv 0 \quad (\text{mod. } p^3)$$

zugleich erfüllt sein, deren dritte eine Folge der beiden ersten ist. Bestimmt man nun zwei Reste t, s (mod. p^3) durch die Kongruenzen

$$x \equiv t \cdot z, \quad y \equiv s \cdot z \quad (\text{mod. } p^3),$$

wo nach den Voraussetzungen t, s weder Null noch Eins sein können, so müßten dieselben den Kongruenzen

$$\frac{t^{p-1} - 1}{t - 1} \equiv 0, \quad \frac{s^{p-1} - 1}{s - 1} \equiv 0 \quad (\text{mod. } p^3)$$

genügen, oder von 1 verschiedene Wurzeln der Kongruenzen

(86)
$$t^{p-1} \equiv 1, \quad s^{p-1} \equiv 1 \quad (\text{mod. } p^3)$$

sein. Da aber der Fermatschen Gleichung zufolge

$$0 \equiv t^p + s^p + 1 \equiv t + s + 1 \quad (\text{mod. } p^3)$$

sein muß, ergibt sich, daß t eine gleichzeitige Wurzel der beiden Kongruenzen

$$(86\,a) \qquad t^{p-1} \equiv 1, \quad (t+1)^{p-1} \equiv 1 \quad (\text{mod. } p^3)$$

oder eine Wurzel der folgenden Kongruenz

$$(t+1)^p - t^p - 1 \equiv 0 \quad (\text{mod. } p^3)$$

sein muß, was auch aus dem Schlußsatze voriger Nummer hervorgeht, die aber weder 1, noch auch -1, -2, $-\frac{1}{2}$ sein darf, da sonst bzw. $s \equiv 0$, $s \equiv 1$, oder $t \equiv s$ würde, was letzteres gegen die Voraussetzung $x \equiv y$ (mod. p^3) ergäbe.

Die zweite der Kongruenzen (86a) gibt entwickelt

$$t^{p-2} + \binom{p-1}{1} t^{p-3} + \binom{p-1}{2} t^{p-4} + \cdots + \binom{p-1}{p-2} \equiv 0.$$

und multipliziert mit t, $t^2 \ldots$, t^{p-2} mit Rücksicht auf die erste jener Kongruenzen die nachstehenden:

$$\binom{p-1}{1} t^{p-2} + \binom{p-1}{2} t^{p-3} + \cdots + \quad 1 \quad \equiv 0.$$

$$\binom{p-1}{2} t^{p-2} + \binom{p-1}{3} t^{p-3} + \cdots + \binom{p-1}{1} \equiv 0,$$

$$\cdots \cdots \cdots \cdots \cdots \cdots$$

$$\binom{p-1}{p-2} t^{p-2} + \quad 1 \cdot t^{p-3} + \cdots + \binom{p-1}{p-3} \equiv 0.$$

zu deren Bestehen zugleich mit der erstgenannten erforderlich ist, daß ihre Determinante

$$P = \begin{vmatrix} 1 & , & \binom{p-1}{1}, & \binom{p-1}{2}, & \cdots \binom{p-1}{p-2} \\ \binom{p-1}{1}, & \binom{p-1}{2}, & \binom{p-1}{3}, & \cdots & 1 \\ \binom{p-1}{2}, & \binom{p-1}{3}, & \binom{p-1}{4}, & \cdots \binom{p-1}{1} \\ \cdots & \cdots & \cdots & \cdots \\ \binom{p-1}{p-2}, & 1 & , & \binom{p-1}{1}, & \cdots \binom{p-1}{p-3} \end{vmatrix}$$

durch p^3 teilbar ist:

$$(87) \qquad\qquad P \equiv 0 \quad (\text{mod. } p^3).$$

Der Wert dieser Determinante ist aber nach einem bekannten Satze, für welchen Stern[1] einen Beweis geliefert hat, gleich dem Produkte

$$P = \prod_{i=1}^{p-1} \left((1 + \alpha^i)^{p-1} - 1\right),$$

in welchem α eine primitive Wurzel der Gleichung $\alpha^{p-1} - 1$ ist. Wenn demnach für eine Primzahl p die Kongruenz (87) nicht erfüllt ist, so kann die Gleichung $x^p + y^p + z^p = 0$ keine Lösungen der angegebenen Art haben. So findet man für $p = 3$, also $\alpha = -1$

$$P = ((1-1)^2 - 1)\,((1+1)^2 - 1) = -(2^2 - 1) = -3,$$

also nicht teilbar durch 3^3. Da nun auch $\dfrac{2^2 - 1}{3} = 1$ nicht durch 3^3 aufgeht, so ergibt sich ein neuer, freilich umständlicher Beweis für die Tatsache, daß in der Gleichung $x^3 + y^3 + z^3 = 0$ wenigstens eine der Zahlen durch 3 aufgehen müßte. Dagegen findet man für $p = 5$, also $\alpha = i = \sqrt{-1}$

$$P = [(1 + i)^4 - 1]\,[(1 + i^2)^4 - 1]\,[(1 + i^3)^4 - 1]\,[(1 + i^4)^4 - 1]$$

$$= -[2^4 - (1 + i)^4 - (1 - i)^4 + 1](2^4 - 1) = -15 \cdot 25 \equiv 0 \;(\text{mod. } 5^3),$$

die notwendige Bedingung also erfüllt. Aber daraus folgt noch nicht die Existenz einer Lösung der Gleichung $x^5 + y^5 + z^5 = 0$ von der angegebenen Art. Das gleichzeitige Bestehen der Kongruenzen (86) besagt nämlich, daß sowohl t als $t + 1$ (mod. p^3) Potenzreste vom Grade p^2 sind, d. h. daß zwei ganze Exponenten i, k vorhanden sind, für welche, wenn g eine primitive Wurzel (mod. p^3) bedeutet,

$$(88) \qquad\qquad 1 + g^{i p^2} \equiv g^{k p^2} \quad (\text{mod. } p^3)$$

ist. Diese für die Existenz einer Lösung der angegebenen Art mithin notwendige Bedingung findet sich aber für $p = 5$ nicht erfüllt; denn wählt man $g = 2$, so ist $g^{p^2} \equiv 2^{25} \equiv 57$ (mod. 125), die vier Potenzreste (mod. 5^3) vom Grade 5^2 sind also 57, 124, 68, 1 und

---

[1] Journ. f. Mathematik Bd. 73, S. 374.

eine Beziehung (88) findet zwischen ihnen nicht statt. Die Kongruenz (88) sagt nämlich mehr als die Kongruenz (87); aus dem Ausdrucke für P schließt man in der Tat die Kongruenz

$$(89) \qquad P \equiv \prod \left((1 + g^{i p^2})^{p-1} - 1 \right) \quad (\text{mod. } p^3),$$

und somit kann das Produkt P sehr wohl durch p^3 aufgehen, ohne daß doch ein einzelner Faktor desselben es tut, was durch die Kongruenz (88) verlangt wird. Alles in allem zeigt unsere Betrachtung, daß, wenn weder die Kongruenz (84) noch die Kongruenz (88) von einer Primzahl p erfüllt wird, die Gleichung $x^p + y^p + z^p = 0$ in ganzen durch p nicht teilbaren Zahlen unlösbar ist. Da für $p = 5$ auch die Kongruenz (84) nicht erfüllt ist, so erkennt man aufs neue die Tatsache, daß bei einer Lösung der Gleichung $x^5 + y^5 + z^5 = 0$ wenigstens eine der Zahlen $x,\ y,\ z$ durch 5 teilbar sein müßte.

20. Viel mehr hat die Behandlung der Gleichung

$$(90) \qquad x^p + y^p + z^p = 0$$

als Kongruenz (mod. p) nicht erreicht. Sehr viel ergiebiger hat dagegen sich ihre Behandlung als Kongruenz nach einem Primzahlmodul π von der Form

$$\pi = 2 h p + 1$$

herausgestellt, welche schon von Legendre mit Erfolg begonnen worden ist; wir setzen dabei in allem Folgenden h als nicht durch 3 teilbar voraus. Nehmen wir zunächst an, es sei eine Lösung der Gleichung vorhanden, bei welcher keine der Zahlen $x,\ y,\ z$ durch π teilbar ist, wie immer auch sonst sie beschaffen seien, gleichviel also, ob der Fall I oder der Fall II der Abelschen Formeln vorliege. Dann gibt es eine Zahl z', für welche $z \cdot z' \equiv 1$ (mod. π) ist, den Sozius von z (mod. π), und durch Multiplikation der Gleichung (90) mit z'^p nimmt diese die Gestalt der Kongruenz

$$(z' x)^p + 1 \equiv (- z' y)^p \quad (\text{mod. } \pi)$$

an, die einfacher

$$(91) \qquad \xi^p + 1 \equiv \eta^p \quad (\text{mod. } \pi)$$

lautet, wenn man $z'x \equiv \xi$, $- z'y \equiv \eta$ schreibt, und letztere besagt nichts anderes, als daß zwei p^{te} Potenzreste r, ϱ (mod. π) vorhanden sein müssen, für welche

$$(92) \qquad\qquad r + 1 \equiv \varrho \quad (\text{mod. } \pi)$$

ist. Wenn daher irgendeine Primzahl $\pi = 2hp + 1$ gefunden wird, für welche diese Tatsache nicht zutrifft, so kann die Gleichung (90) keine ganzzahlige Lösung besitzen, deren Elemente x, y, z durch π nicht teilbar sind.

Es bleibt also dann nur die Möglichkeit einer Lösung, bei welcher eins dieser Elemente durch π aufgeht. Unterscheiden wir nun wieder die beiden Fälle I und II und bleiben zunächst in dem ersten von ihnen, in welchem die Zahlen x, y, z völlig symmetrisch auftreten, so dürfen wir etwa x als durch π teilbar voraussetzen. Diese Primzahl ginge dann entweder in u oder in v auf, und, wenn in v, so in keiner der Zahlen u, u', u'', da sowohl u, v als auch x, y und x, z, also auch v, u' und v, u'' relative Primzahlen sind. Aus der ersten der Formeln (18a) folgt dann eine Kongruenz

$$(93) \qquad\qquad (-u)^p + u'^p + u''^p \equiv 0 \quad (\text{mod. } \pi)$$

in nicht durch π teilbaren ganzen Zahlen $- u$, u', u'', wie sie doch nach der Voraussetzung über die Primzahl π nicht möglich ist. Diese Annahme ist demnach unzulässig, und daher u als durch π teilbar vorauszusetzen. Nun ist aber

$$\frac{y^p + z^p}{y + z} = s^{p-1} - \binom{p}{1} s^{p-2} z + \cdots - \binom{p}{p-2} s\, z^{p-2} + p \cdot z^{p-1},$$

wenn $y + z = u^p = s$ gesetzt wird, und folglich

$$v^p = \frac{y^p + z^p}{y + z} \equiv p \cdot z^{p-1} \quad (\text{mod. } \pi),$$

also auch

$$v^p \equiv p \cdot (z + x)^{p-1} \equiv p \cdot u'^{p(p-1)} \quad (\text{mod. } \pi),$$

woraus durch Erhebung zur $2h^{\text{ten}}$ Potenz

$$v^{2hp} = v^{\pi-1} \equiv 1 \equiv p^{2h} \cdot (u'^{p-1})^{2hp}$$

$$\equiv p^{2h} \cdot (u'^{p-1})^{\pi-1} \equiv p^{2h} \quad (\text{mod. } \pi)$$

hervorgeht. Man erschließt also als eine für das Vorhandensein einer der gedachten Lösungen notwendige Bedingung

$$(94) \qquad\qquad p^{2h} \equiv 1 \quad (\text{mod. } \pi),$$

d. h. p muß p^{ter} Potenzrest der Primzahl π sein.

Und somit ergibt sich der wichtige Satz, welcher zuerst nach Legendres Aussage von Sophie Germain, der ersten Frau, die in Zahlentheorie sich ausgezeichnet hat, ausgesprochen worden ist:

Gibt es für die Primzahl p eine andere Primzahl $\pi = 2hp + 1$, für welche keine der beiden Kongruenzbedingungen (92), (94) erfüllt ist, so ist die Gleichung (90) in ganzen, durch p nicht teilbaren Zahlen unlösbar.

Zu der Kongruenzbedingung (94) gelangt man leicht auch mit Hilfe der Relation (57). Ist nämlich π ein Primfaktor von u, so besteht die Kongruenz (93), welche sich auf die einfachere:

$$u'^{p} + u''^{p} \equiv 0 \quad (\text{mod. } \pi)$$

reduziert und

$$u'^{2p} \equiv u''^{2p} \quad (\text{mod. } \pi)$$

ergibt. Die Relation (57) aber ergibt[1], als Kongruenz (mod. π) aufgefaßt, da die Glieder der Summe zur Linken, welche u enthalten, unterdrückt werden können, und mit Beachtung vorstehender Kongruenz

$$u'^{(p-3)p} \cdot \sum \frac{(p-1)!}{(2\mu+1)!\,(2\nu+1)!} \equiv 2^{p-2} \cdot p^{p-1} \cdot P^{p} \quad (\text{mod. } \pi),$$

$$\left(\mu + \nu = \frac{p-3}{2}\right)$$

d. h. nach den Ergebnissen in Nr. 17 einfacher

$$u'^{p(p-3)} \equiv p^{p-1} \cdot P^{p} \quad (\text{mod. } \pi).$$

Die Kongruenz zeigt zunächst, daß P nicht durch π aufgehen kann, und liefert daher durch Erhebung zur $2h^{\text{ten}}$ Potenz

d. i.
$$\left.\begin{aligned} 1 &\equiv p^{2h(p-1)} \\[4pt] p^{2h} &\equiv 1 \end{aligned}\right\} \quad (\text{mod. } \pi).$$

---

[1] E. Wendt, Journal f. Math. 113, S. 344.

Andererseits läßt sich die Kongruenzbedingung (92) durch eine anderslautende ersetzen. Aus (91) folgt nämlich, da

$$(95) \qquad \xi^{2hp} = \xi^{\pi-1} \equiv 1, \quad \eta^{2hp} = \eta^{\pi-1} \equiv 1 \quad (\text{mod. } \pi)$$

sind, durch Erhebung zur $2\,h^{\text{ten}}$ Potenz

$$\binom{2h}{1} \cdot \xi^{(2h-1)p} + \binom{2h}{2} \cdot \xi^{(2h-2)p} + \cdots + \binom{2h}{2h-1} \cdot \xi^p + 1 \equiv 0,$$

aus welcher Kongruenz durch wiederholte Multiplikation mit ξ^p und mit Beachtung von (95) die folgenden hervorgehen:

$$\binom{2h}{2} \cdot \xi^{(2h-1)p} + \binom{2h}{3} \cdot \xi^{(2h-2)p} + \cdots + 1 \cdot \xi^p + \binom{2h}{1} \equiv 0,$$

$$\binom{2h}{3} \cdot \xi^{(2h-1)p} + \binom{2h}{4} \cdot \xi^{(2h-2)p} + \cdots + \binom{2h}{1} \cdot \xi^p + \binom{2h}{2} \equiv 0,$$

$$\cdot \quad \cdot \quad \cdot \quad \cdot \quad \cdot \quad \cdot \quad \cdot \quad \cdot \quad \cdot \quad \cdot \quad \cdot \quad \cdot$$

$$1 \cdot \xi^{(2h-1)p} + \binom{2h}{1} \cdot \xi^{(2h-2)p} + \cdots + \binom{2h}{2h-2} \cdot \xi^p + \binom{2h}{2h-1} \equiv 0,$$

zu deren Zusammenbestehen mit der ersteren notwendig ist, daß die Determinante

$$D_{2h} = \begin{vmatrix} \binom{2h}{1}, & \binom{2h}{2}, & \cdots \binom{2h}{2h-1}, & 1 \\[2mm] \binom{2h}{2}, & \binom{2h}{3}, & \cdots \quad 1 \quad, & \binom{2h}{1} \\[2mm] \cdot \quad \cdot & \cdot \quad \cdot & \cdot \quad \cdot \quad \cdot & \cdot \quad \cdot \\[2mm] 1 \cdot & \binom{2h}{1}, & \cdots \binom{2h}{2h-2}, & \binom{2h}{2h-1} \end{vmatrix}$$

durch π teilbar ist, also

$$(96) \qquad D_{2h} \equiv 0 \quad (\text{mod. } \pi).$$

Diese Bedingung folgt aus der Kongruenzbedingung (92), aber umgekehrt aus ihr auch die letztere, und daher sind sie einander äquivalent[1]. In der Tat ist nach einer Bemerkung in Nr. 19 der Wert der Determinante

$$D_{2h} = \prod_{i=1}^{2h} \left((1 + \alpha^i)^{2h} - 1 \right),$$

---

[1] S. E. Wendt. a. a. O.

wenn α eine primitive Wurzel der Gleichung $\alpha^{2h} = 1$ bezeichnet, und daraus folgt, daß auch

$$D_{2h} \equiv \prod_{i=1}^{2h} \left((1 + \gamma^i)^{2h} - 1 \right) \quad (\text{mod. } \pi)$$

ist, wenn γ eine primitive Wurzel der Kongruenz $\gamma^{2h} \equiv 1$, d. h. ein p^{ter} Potenzrest (mod. π) ist. Es muß daher, wenn (96) besteht, ein Faktor dieses Produkts,

$$(1 + \gamma^i)^{2h} - 1 \equiv 0 \quad (\text{mod. } \pi),$$

d. h. $1 + \gamma^i$ ein p^{ter} Potenzrest (mod. π) sein, und folglich ergibt sich zwischen zwei p^{ten} Potenzresten r, ϱ (mod. π) die Kongruenz (92). Hiernach läßt sich der oben ausgesprochene Satz auch folgendermaßen fassen:

Ist für eine Primzahl p eine Primzahl $\pi = 2hp + 1$ vorhanden, welche weder in D_{2h} noch in $p^{2h} - 1$ aufgeht, so hat die Gleichung (90) keine Auflösung in ganzen durch p nicht teilbaren Zahlen.

21. Im Falle II der Gleichung (90) galt die Kongruenzbedingung (92) gleichermaßen, wie im Falle I. Ist sie nicht erfüllt für eine Primzahl $\pi = 2hp + 1$, so bleibt nur die Möglichkeit einer Auflösung, bei welcher eine der drei Zahlen x, y, z durch π teilbar ist. Aber diese Zahlen verhalten sich jetzt nicht mehr symmetrisch; wir müssen unterscheiden, ob die durch π teilbare Zahl eine der Zahlen y, z ist, welche durch p nicht aufgehen, oder die Zahl x, die auch durch p teilbar ist.

Nehmen wir zuerst an, etwa y gehe durch π auf, dann ist π ein Teiler entweder von u' oder von v'. Wenn π aufgeht in u', so ist nach der Gleichung

$$\frac{x^p + z^p}{x + z} = s^{p-1} - \binom{p}{1} s^{p-2} + \cdots - \binom{p}{p-2} s z^{p-2} + p \cdot z^{p-1},$$

in welcher $x + z = u'^p = s$ gedacht ist,

$$v'^p = \frac{x^p + z^p}{x + z} \equiv p \cdot z^{p-1} \quad (\text{mod. } \pi),$$

also auch

$$v'^p \equiv p(y+x)^{p-1} \equiv p \cdot (p^{mp-1} \cdot u^p)^{p-1} \quad (\text{mod. } \pi),$$

woraus durch Erhebung zur $2h^{\text{ten}}$ Potenz sich die Kongruenz

$$v'^{2hp} = v'^{\pi-1} \equiv 1 \equiv p^{2h}(p^{m(\pi-1)} \cdot u^{\pi-1})^{p-1} \cdot p^{-2h(p-1)}$$

oder einfacher

$$p^{4h} \equiv 1 \quad (\text{mod. } \pi)$$

ergibt, was in Verbindung mit $p^{2hp} \equiv 1$ zur Kongruenzbedingung

$$(97) \qquad\qquad p^{2h} \equiv 1 \quad (\text{mod. } \pi)$$

führt, die also auch in dem jetzigen Falle erfüllt sein muß.

Auch diese läßt sich nach Wendt wieder ähnlich herleiten, wie im Falle I. Zu diesem Zwecke knüpfen wir nochmals an die allgemeine Formel (28) wieder an, indem wir für die Unbestimmten ξ, η, ζ in derselben die Werte $p^{mp-1} \cdot u^p$, u'^p, u''^p substituieren. So kommt dann:

$$(p^{mp-1} \cdot u^p + u'^p + u''^p)^p = 4 \cdot p^{mp} \cdot (u\,u'\,u'')^p$$

$$\sum \frac{(p-1)!}{(2\lambda+1)!(2\mu+1)!(2\nu+1)!} \cdot p^{2\lambda(mp-1)} \cdot u^{2\lambda p} \cdot u'^{2\mu p} \cdot u''^{2\nu p},$$

$$\left(\lambda + \mu + \nu = \frac{p-3}{2}\right)$$

was die beiden Gleichungen ergibt:

$$p^{mp-1} \cdot u^p + u'^p + u''^p = 2p^m u\,u'\,u'' \cdot \Pi,$$

$$\sum \frac{(p-1)!}{(2\lambda+1)!(2\mu+1)!(2\nu+1)!} \cdot p^{2\lambda(mp-1)} u^{2\lambda p} u'^{2\mu p} u''^{2\nu p} = 2^{p-2} \cdot \Pi^p,$$

$$\left(\lambda + \mu + \nu = \frac{p-3}{2}\right)$$

unter Π eine ganze Zahl verstanden. Ist nun π ein Primfaktor von u', so gibt die letzte Gleichung als Kongruenz (mod. π) aufgefaßt, folgende Formel:

$$\sum \frac{(p-1)!}{(2\lambda+1)!(2\nu+1)!} \cdot p^{2\lambda(mp-1)} \cdot u^{2\lambda p} u''^{2\nu p} \equiv 2^{p-2} \cdot \Pi^p \quad (\text{mod. } \pi).$$

$$\left(\lambda + \nu = \frac{p-3}{2}\right)$$

Nach der zweiten der Formeln (18b) aber ist

$$p^{mp-1} \cdot u^p + u''^p \equiv 0 \quad (\text{mod. } \pi)$$

und geht π in diesem Ausdrucke genau so oft auf als in u', genau so oft also auch in $p^{mp-1} \cdot u^p + u'^p + u''^p$, d. h. in

$$2 p^m \cdot u\, u'\, u'' \cdot \Pi,$$

und daher kann Π den Faktor π nicht enthalten. Da nun aus der letzten Kongruenz sich

$$u''^{2\nu p} \equiv (p^{mp-1} \cdot u^p)^{2\nu} \quad (\text{mod. } \pi)$$

ergibt, geht aus der vorletzten die einfachere Kongruenz

$$p^{(p-3)(mp-1)} \cdot u^{p(p-3)} \cdot \sum \frac{(p-1)!}{(2\lambda+1)!\,(2\nu+1)!} \equiv 2^{p-2} \cdot \Pi^p,$$

oder nach Nr. 17 die noch einfachere

$$p^{(p-3)(mp-1)} \cdot u^{p(p-3)} \equiv \Pi^p \quad (\text{mod. } \pi)$$

hervor. Durch Erhebung zur $2h^{\text{ten}}$ Potenz kommt dann

$$p^{6h} \equiv 1 \quad (\text{mod. } \pi),$$

was in Verbindung mit $p^{2hp} \equiv 1$, da man von dem Falle $p = 3$, für welchen die Fermatsche Gleichung schon erledigt ist, absehen darf, zur Kongruenzbedingung (97) zurückführt.

Wenn aber u' nicht durch π teilbar, so müßte es v' sein, und dann gehen u, u', u'' durch π nicht auf, und wenn daher die aus (18b) folgende Kongruenz

$$p^{mp-1} \cdot u^p - u'^p + u''^p \equiv 0 \quad (\text{mod. } \pi)$$

mit der p^{ten} Potenz des Sozius von $p^{m-1} \cdot u$ (mod. π) multipliziert wird, so entsteht eine Kongruenz von der Form

$$p^{p-1} \equiv \xi^p + \eta^p \quad (\text{mod. } \pi)$$

mit zu π relativ primen ξ, η. Durch Erhebung derselben zur $2h^{\text{ten}}$ Potenz ergibt sich dann

$$\binom{2h}{1} \cdot \xi^{(2h-1)p} \cdot \eta^p + \binom{2h}{2} \cdot \xi^{(2h-2)p} \cdot \eta^{2p} + \cdots$$

$$+ \binom{2h}{2h-1} \xi^p \cdot \eta^{(2h-1)p} + 2 - p^{2h(p-1)} \equiv 0,$$

und durch wiederholte Multiplikation mit $\xi^p \cdot \eta^{(2h-1)p}$ die folgenden
Kongruenzen:

$$\binom{2h}{2}\,\xi^{(2h-1)p} \cdot \eta^p + \binom{2h}{3} \cdot \xi^{(2h-2)p} \cdot \eta^{2p} + \cdots$$

$$+ (2 - p^{2h(p-1)}) \cdot \xi^p\,\eta^{(2h-1)p} + \binom{2h}{1} \equiv 0$$

$$\cdot \quad \cdot \quad \cdot \quad \cdot \quad \cdot \quad \cdot \quad \cdot \quad \cdot \quad \cdot \quad \cdot \quad \cdot \quad \cdot \quad \cdot$$

$$(2 - p^{2h(p-1)}) \cdot \xi^{(2h-1)p} \cdot \eta^p + \binom{2h}{1} \cdot \xi^{(2h-2)p} \cdot \eta^{2p} + \cdots$$

$$+ \binom{2h}{2h-2}\,\xi^p \cdot \eta^{(2h-1)p} + \binom{2h}{2h-1} \equiv 0,$$

für deren Zusammenbestehen mit der ersteren erforderlich ist, daß
die Determinante

$$\Delta_{2h} = \begin{vmatrix} \binom{2h}{1}, & \binom{2h}{2}, & \cdots \binom{2h}{2h-1}, & 2 - p^{2h(p-1)} \\[2mm] \binom{2h}{2}, & \binom{2h}{3}, & \cdots 2 - p^{2h(p-1)}, & \binom{2h}{1} \\[2mm] \cdot \quad \cdot \quad \cdot \quad \cdot \quad \cdot \quad \cdot \quad \cdot & & & \\[2mm] 2 - p^{2h(p-1)}, & \binom{2h}{1}, & \cdots \binom{2h}{2h-2}, & \binom{2h}{2h-1} \end{vmatrix}$$

durch π teilbar ist, also

$$(98) \qquad\qquad \Delta_{2h} \equiv 0 \quad (\text{mod. } \pi)$$

ist.

Insgesamt folgt also: Wenn für eine Primzahl $\pi = 2hp + 1$
keine der Bedingungen (97), (98) erfüllt ist, so kann die Fermatsche
Gleichung keine Lösung besitzen, bei welcher eine der durch p nicht
teilbaren Zahlen durch π aufgeht. Sie hat also nur möglicherweise
eine solche Lösung, bei welcher x durch π teilbar und daher nach (18b)

$$- p^{mp-1} \cdot u^p + u'^p + u''^p \equiv 0 \quad (\text{mod. } \pi)$$

ist; π muß aber in u aufgehen, denn, ginge es auf in v, so in keiner
der Zahlen u, u', u'', und die vorstehende Kongruenz führte dann
wieder, wie zuvor, zur Bedingung (98) zurück, die wir doch als nicht

erfüllt voraussetzten. Hiernach kommt die letzte Kongruenz auf die folgende:

$$u'^{p} + u''^{p} \equiv 0 \quad (\text{mod. } \pi)$$

zurück, welche indessen zu keinen weiteren Schlüssen über die Primzahl p führt, da diese bei der Anwendung jedes der beiden vorher beschrittenen Wege aus der Betrachtung herausfällt; es ist also nur zu bemerken, daß

$$u'^{p} + u''^{p} - 2x = y + z \equiv 0 \quad (\text{mod. } \pi)$$

sein müßte. Und somit erhalten wir als Gesamtergebnis der letzten Nummern nachstehenden Satz:

Wenn für die Primzahl p eine Primzahl $\pi = 2hp + 1$ vorhanden ist, welche in keiner der drei Zahlen

$$D_{2h}, \quad \varDelta_{2h}, \quad p^{2h} - 1$$

aufgeht, so kann die Fermatsche Gleichung (90) keine anderen ganzzahligen Lösungen x, y, z haben, als etwa eine solche, bei der eine der Zahlen, etwa x, gleichzeitig durch π und p teilbar ist, während dann auch die Summe $y + z$ der beiden anderen durch π aufgehen muß.

22. Der Legendresche (oder Sophie-Germainsche) Satz in Nr. 20 ergibt nun schon für eine ganze Reihe von Primzahlexponenten p die Unmöglichkeit der Fermatschen Gleichung unter den Voraussetzungen des Falles I. Legendre hat eine Tabelle gegeben, in welcher für jede Primzahl $p < 100$ eine Primzahl $\pi = 2hp + 1$ angegeben ist, welche die Voraussetzungen jenes Satzes erfüllt, so daß für alle solche Primzahlen p die Fermatsche Aussage im Falle I erwiesen ist. Aber Legendre hat noch mehr geleistet, nämlich gezeigt, daß, wenn für irgendeine Primzahl p eine der Linearformen

$$2p + 1, \quad 4p + 1, \quad 8p + 1, \quad 10p + 1, \quad 14p + 1, \quad 16p + 1$$

eine Primzahl π repräsentiert, die Fermatsche Gleichung im Falle I unlösbar ist; allerdings gilt sein Beweis, wie wir sehen werden, nicht in den Fällen

$$\pi = 31 = 10 \cdot 3 + 1, \quad \pi = 43 = 14 \cdot 3 + 1,$$

in welchen

$$2^{10} - 1 \text{ durch } 31, \quad \text{bzw. } 2^{14} - 1 \text{ durch } 43$$

teilbar ist. Es genüge, die Legendresche Aussage für die Linearformen $2p + 1$, $4p + 1$ zu erhärten; für die übrigen geschieht der Beweis in ganz analoger Weise.

Ist $\pi = 2p + 1$ Primzahl, so sind die p^{ten} Potenzreste (mod. π) die Wurzeln der Kongruenz $\gamma^2 \equiv 1$ (mod. π), also die Zahlen $+1$, -1, deren keine, um 1 vermehrt, der anderen kongruent ist; ebensowenig ist p einer dieser p^{ten} Potenzreste.

Ist $\pi = 4p + 1$ Primzahl, so sind die p^{ten} Potenzreste (mod. π) die Wurzeln der Kongruenz $\gamma^4 \equiv 1$ oder $(\gamma^2 - 1)(\gamma^2 + 1) \equiv 0$ (mod. π), also, wenn λ eine Wurzel von $\gamma^2 + 1 \equiv 0$ bezeichnet, die vier Werte $+1$, -1, $+\lambda$, $-\lambda$, von denen keiner, um 1 vermehrt, einem anderen kongruent wird, außer wenn $\lambda = \pm 2$ und $\pi = 5$ ist, was für keine Primzahl p geschehen kann; außerdem ist p kein p^{ter} Potenzrest (mod. $4p + 1$), denn, da

$$(4p)^4 \equiv 1 \quad (\text{mod. } 4p + 1),$$

so müßte, wenn $p^4 \equiv 1$ wäre, auch $4^4 \equiv 1$ sein, oder $255 = 5 \cdot 51$ den Primfaktor $4p + 1$ haben, was wieder nicht sein kann.

Dasselbe erkennt man auch auf Grund des letzten Satzes in Nr. 20, wenn man für die Primzahlen $\pi = 2p + 1$ oder $4p + 1$ die zugehörige Determinante D_{2h} bildet. Für die erstere ist sie

$$D_2 = \begin{pmatrix} 2, & 1 \\ 1, & 2 \end{pmatrix} = 3,$$

in welcher π so wenig aufgeht, wie in

$$p^2 - 1 = (p - 1) \cdot (p + 1);$$

für die letztere ist sie

$$D_4 = \begin{vmatrix} 4, & 6, & 4, & 1 \\ 6, & 4, & 1, & 4 \\ 4, & 1, & 4, & 6 \\ 1, & 4, & 6, & 4 \end{vmatrix} = 375 = 3 \cdot 5^3,$$

welche durch $\pi = 4p + 1$ nicht aufgeht, ebensowenig, wie

$$p^4 - 1 = (p^2 + 1)(p + 1)(p - 1),$$

was für die beiden letzten Faktoren einleuchtend ist, und für den ersten aus der Beziehung

$$16\,(p^2 + 1) + 2 \cdot (4\,p + 1) = (4\,p + 1)^2 + 17$$

hervorgeht.

Infolge dieser Ergebnisse stellt man mit Legendre unschwer fest, daß die Fermatsche Gleichung für alle Primzahlexponenten $p < 197$ in ganzen, durch p nicht teilbaren Zahlen unlösbar ist. Aber in neuerer Zeit hat L. E. Dickson diese Grenze ganz erheblich erweitert, indem er die Konsequenzen der Legendreschen Kongruenzbedingungen tiefer verfolgte und ausbeutete[1]. Wir wollen von diesen Untersuchungen die leitenden Ideen und ihre wichtigsten Ergebnisse wenigstens hier anfügen.

23. Damit die Gleichung (90) eine Lösung in ganzen durch eine Primzahl $\pi = 2\,h\,p + 1$ nicht teilbaren Zahlen besitze, ist, wie wir sahen, notwendig, daß die Kongruenz

$$(91) \qquad\qquad \xi^p + 1 \equiv \eta^p \quad (\text{mod. } \pi)$$

in nicht durch π teilbaren ξ, η bestehe. Da dann

$$\xi^{2\,h\,p} \equiv 1, \qquad \eta^{2\,h\,p} \equiv 1 \quad (\text{mod. } \pi)$$

ist, so wird $r = \xi^p$ die beiden Kongruenzen

$$(99) \qquad\qquad r^{2\,h} \equiv 1, \quad (r + 1)^{2\,h} \equiv 1 \quad (\text{mod. } \pi)$$

gleichzeitig befriedigen, also eine gemeinsame Wurzel derselben sein, welche weder Null noch -1 sein kann, da weder ξ noch η durch π aufgeht; und umgekehrt folgt aus jeder solchen gemeinsamen Lösung beider Kongruenzen ein Paar durch π nicht teilbarer Zahlen ξ, η, welche der Kongruenz (91) genügen, und somit eine Auflösung der Kongruenz

$$x^p + y^p + z^p \equiv 0 \quad (\text{mod. } \pi)$$

in ganzen durch π nicht teilbaren Zahlen. Demnach ist die Kongruenzbedingung (91) und das System der beiden Kongruenzen (99) äquivalent.

---

[1] Siehe zwei Arbeiten von Dickson, On the least theorem of Fermat, in the Messenger of Mathem., new series 1908, Nr. 445 und in Quarterly J. of Math. 1908, Nr. 157.

Ist aber a eine solche Lösung von (99), so sind es gleich die sechs Ausdrücke (mod. π)

$$(100) \qquad a, \quad \frac{1}{a}, \quad -1-a, \quad \frac{1}{-1-a}, \quad -1-\frac{1}{a}, \quad \frac{-a}{1+a},$$

welche alle aus irgendeinem von ihnen hervorgehen, wenn man seinen reziproken Wert nimmt, oder sie von -1 subtrahiert, und diese sechs Werte erweisen sich als inkongruent (mod. π), außer wenn a einen der Werte 1, $-\frac{1}{2}$, -2 hat, wenn also die Kongruenz

$$(101) \qquad\qquad 2^{2h} \equiv 1 \quad (\text{mod. } \pi)$$

stattfindet; denn die außerdem für die Kongruenz zweier derselben nur noch denkbare Beziehung $a^2 + a + 1 \equiv 0$ (mod. π) oder $a^3 \equiv 1$ würde, da a ein p^{ter} Potenzrest, etwa $a \equiv \xi^p$ ist, $\xi^{3p} \equiv 1$ ergeben, was in Verbindung mit $\xi^{2hp} \equiv 1$ wieder zu dem Werte $a \equiv \xi^p \equiv 1$ hinführt. Setzen wir also voraus, daß die Kongruenz (101) nicht erfüllt sei, d. h. π sei kein Primteiler der Zahl

$$(102) \qquad\qquad 2^{2h} - 1,$$

so müßten die Kongruenzen (99), wenn eine Gleichung (90) in ganzen durch π nicht teilbaren Zahlen bestünde, immer je sechs, wie bei (100) zusammengehörige Wurzeln besitzen. Der Ausdruck 6ten Grades, der sie zu Wurzeln hat, müßte ein Teiler von $r^{2h} - 1$ (mod. π) sein, oder genauer von

$$(103) \qquad \frac{r^{2h} - 1}{r^2 - 1} = r^{h-1}\left(r^{h-1} + r^{h-2} + \cdots + \frac{1}{r^{h-2}} + \frac{1}{r^{h-1}}\right),$$

da die Wurzeln von $r^2 - 1 \equiv 0$ (mod. π) sich nicht unter den Wurzeln (100) befinden. Für diesen Ausdruck erhält man aber, da er bei der Vertauschung von r mit $\dfrac{1}{r}$ und mit $-1-r$ unverändert bleiben muß, leicht die Form

$$r^6 + 3\,r^5 + b\,r^4 + (2\,b - 5)r^3 + b\,r^2 + 3\,r + 1$$

oder, wenn $r + \dfrac{1}{r} = \varrho$ und $\beta = b - 3$ gesetzt wird, die Form

$$(104) \qquad\qquad \varrho^3 + 3\,\varrho^2 + \beta\,\varrho + 2\,\beta - 5,$$

während durch dieselbe Substitution der Ausdruck (103) nach Abwerfen des Faktors r^{h-1} in

$$(105) \quad \begin{cases} \varrho^{h-1} - (h-2)\varrho^{h-3} + \dfrac{(h-3)(h-4)}{1\cdot 2}\varrho^{h-5} + \cdots \\[2ex] \quad + \dfrac{(h-k-1)(h-k-2)\cdots(h-2k)}{1\cdot 2 \cdots k} \cdot \varrho^{h-2k-1} + \cdots \end{cases}$$

übergeht. Der letztere ist, wenn h ungerade ist, eine gerade, wenn h gerade ist, eine ungerade Funktion von ϱ, also je nach diesen Fällen ein Ausdruck $f(\varrho^2)$ oder $\varrho \cdot f(\varrho^2)$; in ihm, oder vielmehr, wenn h gerade, in $f(\varrho^2)$ müßte aber der Ausdruck (104) (mod. π) aufgehen, da (104) bei geradem h die Wurzel ϱ nicht haben kann, denn aus $r + \dfrac{1}{r} \equiv 0$ ergäbe sich $r^2 \equiv -1$, also $(1+r)^2 \equiv 2r$, und daraus

$$1 \equiv (1+r)^{4h} \equiv 2^{2h} \cdot r^{2h},$$

also $2^{2h} \equiv 1$ (mod. π), gegen die Voraussetzung. Daher müßte in $f(\varrho^2)$ auch der Ausdruck

$$(106) \qquad \varrho^3 - 3\varrho^2 + \beta\varrho - (2\beta - 5) \quad (\text{mod. } \pi)$$

als Faktor enthalten sein. Die Ausdrücke (104) und (106) haben aber nur dann einen gemeinsamen Teiler (mod. π), wenn ihn

$$\varrho^2 + \beta \quad \text{und} \quad 3\varrho^2 + 2\beta - 5$$

haben, d. h. wenn $\beta \equiv -5$ (mod. π) ist; aber alsdann zerfällt (104) in die beiden Faktoren

$$(\varrho^2 - 5)(\varrho + 3),$$

welche demnach auch $f(\varrho^2)$ angehören müßten. Setzen wir also weiter voraus, daß für die Primzahl $\pi = 2hp + 1$ die Kongruenz

$$(107) \qquad f(9) \equiv 0 \quad (\text{mod. } \pi)$$

nicht stattfinde, so sind die Ausdrücke (104) und (106) teilerfremd, und es ergibt sich als notwendige Bedingung für das Vorhandensein einer Lösung der Gleichung (90) in ganzen durch π nicht teilbaren Zahlen die Bedingung, daß $f(\varrho^2)$ durch das Produkt

$$(108) \qquad \varrho^6 + (2\beta - 9)\varrho^4 + (\beta^2 - 12\beta + 30)\varrho^2 - (2\beta - 5)^2$$

beider Ausdrücke (104), (106) (mod. π) teilbar sei.

Auf dieser Grundlage kann man nun für jede Linearform $\pi = 2hp + 1$, d. h. für jeden bestimmten Wert von h die Primzahlen p ermitteln, welche keine Lösung der Gleichung (90) in durch p nicht teilbaren Zahlen zulassen: es sind diejenigen p, für welche die Linearform eine Primzahl wird, die nicht die eben genannte Bedingung erfüllt, und auch die Kongruenz (94) nicht befriedigt, also kein Teiler von

$$p^{2h} - 1$$

ist; die etwaigen Teiler dieser Art von (102) und (107) sind dabei auszuschließen. Die Kongruenz (94) erweist sich noch als äquivalent mit der andern:

$$(94\,\text{a}) \qquad\qquad (2h)^{2h} \equiv 1 \quad (\text{mod. } \pi),$$

denn, da $2hp \equiv -1$ (mod. π) ist, also

$$(2h)^{2h} \cdot p^{2h} \equiv 1 \quad (\text{mod. } \pi),$$

so ist jede der beiden Kongruenzen

$$p^{2h} \equiv 1, \quad (2h)^{2h} \equiv 1 \quad (\text{mod. } \pi)$$

eine Folge der anderen. Ist insbesondere h gerade, also $\pi \equiv 1$ (mod. 4), so ist nach dem quadratischen Reziprozitätsgesetze $\left(\dfrac{p}{\pi}\right) = \left(\dfrac{\pi}{p}\right) = 1$, also $p^{\frac{\pi-1}{2}} = p^{hp} \equiv 1$ (mod. π), und somit schon $p^h \equiv 1$ und

$$(2h)^h \equiv 1 \quad (\text{mod. } \pi).$$

24. Sei z. B. $h = 10$, also die Linearform $\pi = 20p + 1$, so wird

$$f(\varrho^2) = \varrho^8 - 8\varrho^6 + 21\varrho^4 - 20\varrho^2 + 5,$$

also
$$f(9) = 5 \cdot 11 \cdot 41$$
und
$$2^{20} - 1 = 3 \cdot 5^2 \cdot 11 \cdot 31 \cdot 41.$$

Um die Teiler von $20^{10} - 1$ zu finden, beachte man die Identität

$$\frac{a^5 - b^5}{a - b} = (a^2 + 3\,a\,b + b^2)^2 - 5\,a\,b\,(a + b)^2,$$

aus welcher

$$\frac{20^5 - 1}{19} = 461^2 - 100 \cdot 21^2 = 251 \cdot 11 \cdot 61,$$

$$\frac{20^5 + 1}{21} = 152\,381$$

hervorgeht; unter den Primteilern dieser Zahlen kommt daher nur die eine Primzahl $61 = 20 \cdot 3 + 1$ von der betrachteten Linearform vor; mit Ausschluß dieser einen ist für alle Primzahlen von dieser Form die allgemeine Methode anwendbar und daher muß der Ausdruck (108) in $f(\varrho^2)$ (mod. π) aufgehen, oder der Rest der algebraischen Division, d. i. der Ausdruck

$$(3\,\beta^2 - 8\,\beta)\,\varrho^4 + (2\,\beta^3 - 21\,\beta^2 + 52\,\beta - 25)\,\varrho^2 + 5 - (2\,\beta - 1)(2\,\beta - 5)^2$$

(mod. π) gleich Null sein, es müßte also entweder $\beta = 0$, also $- 25$ und 5 durch π teilbar sein, was nicht möglich, oder $3\,\beta \equiv 8$ (mod. π), was für den zweiten der Koeffizienten den Wert 61 und für den dritten den Wert $2 \cdot 61$ (mod. π) ergibt. Da die Primzahl 61 ausgeschlossen war, so erkennt man, daß die Teilbarkeit von $f(\varrho^2)$ durch den Ausdruck (108) für keine der anderen Primzahlen der betrachteten Linearform möglich ist, und daß somit für alle Primzahlen p, für welche $\pi = 20\,p + 1$ eine dieser Primzahlen wird, die Gleichung (90) in ganzen durch p nicht teilbaren Zahlen unmöglich ist.

In analoger Weise, aber mit Anwendung mannigfacher besonderer Kunstgriffe und Hilfsmittel, die allgemeine Methode zu ergänzen oder zu ersetzen, hat Dickson den Satz festgestellt: daß für jede Primzahl p, für welche eine der Linearformen:

$$2p + 1, \quad 4p + 1, \quad 8p + 1, \quad 16p + 1,$$

$$10p + 1 \quad (\text{ausgen.} \quad p = 3, \quad \pi = 31),$$

$$14p + 1 \quad (\quad \text{,,} \quad \rho = 3, \quad \pi = 43),$$

$$20p + 1 \quad (\quad \text{,,} \quad p = 3, \quad \pi = 61),$$

$$22p + 1 \quad (\quad \text{,,} \quad \rho = 3, \quad \pi = 67; \quad p = 31),$$

$$26p + 1 \quad (\quad \text{,,} \quad p = 3.5),$$

$$28p + 1 \quad (\quad \text{,,} \quad p = 7),$$

$$32p + 1 \quad (\quad \text{,,} \quad \rho = 3),$$

$$40p + 1 \quad (\quad \text{,,} \quad \rho = 7),$$

$$56p + 1 \quad (\quad \text{,,} \quad \rho = 5,\ 11,\ 17,\ 113,\ 227),$$

$$64p + 1 \quad (\quad \text{,,} \quad p = 3,\ 7,\ 229,\ 337,\ 757)$$

eine Primzahl ist, die Gleichung (90) in ganzen durch p nicht teilbaren Zahlen unlösbar ist. Da nun durch Rechnung sich weiter feststellen läßt, daß für alle 505 Primzahlen $p < 1700$ mit Ausnahme der folgenden elf:

$$p = 197,\ 223,\ 257,\ 383,\ 389,\ 457,\ 569,\ 751,\ 1373,\ 1399,\ 1531$$

wenigstens eine Primzahl von einer der angegebenen Formen vorhanden ist, so gilt das Fermatsche Theorem im Falle I für alle Primzahlexponenten $p < 1700$, mit Ausnahme der elf angegebenen Werte. Aber auch für diese beweist es Dickson teils nach der Methode von Legendre, teils mit Anwendung anderweitiger Kriterien, von denen wir noch zu sprechen haben werden. In der zweiten seiner oben angeführten Arbeiten hat er sodann seine Untersuchungen beträchtlich weiter geführt; doch sind sie trotz der erwähnten Hilfsmittel so kompliziert und umständlich, daß eine Kontrolle derselben äußerst mühevoll und beschwerlich ist. Als Gesamtergebnis derselben spricht Dickson endlich den Satz aus:

Daß die Gleichung $x^p + y^p + z^p = 0$ in ganzen durch p nicht teilbaren Zahlen unlösbar ist für alle Primzahlexponenten $p < 7000$, ausgenommen etwa für $p = 6857$, wofür es noch zu erweisen bleibt.

25. Könnte man nachweisen, daß es für jede Primzahl p unendlich viel Primzahlen $\pi = 2hp + 1$ gibt, welche nicht in der zugehörigen Determinante D_{2h} aufgehen, oder, was dasselbe sagt, für welche die Kongruenzbedingungen (91) nicht erfüllt sind, so wäre damit der volle Beweis des Fermatschen Theorems erbracht. Denn dann müßte bei einer etwaigen Lösung der Gleichung

$$x^p + y^p + x^p = 0$$

nach dem Satze der Nr. 20 wenigstens eine der Zahlen x, y, z durch unendlich viel Primzahlen π teilbar sein, was ein Unding ist. Aber, wie schon Libri[1] ausgesprochen hat, ist im Gegenteil für jede Primzahl p nur eine endliche Menge solcher Primzahlen π vorhanden; in der Tat hat neuerdings Dickson[2] den Beweis gegeben, daß für jede Primzahl

$$\pi \lesseqgtr (p - 1)^2 \cdot (p - 2)^2 + 6p - 2$$

die Kongruenz

$$(109) \qquad\qquad x^p + y^p + x^p \equiv 0 \quad (\text{mod. } \pi)$$

Lösungen in ganzen durch π nicht teilbaren Zahlen zuläßt, daß also höchstens die Primzahlen unterhalb dieser Grenze zu den gedachten Primzahlen π gehören. Es genügt für unser Vorhaben, dies für die Primzahlen $\pi = 2hp + 1$ zu erweisen; denn für Primzahlen π, welche diese Form nicht haben, d. h. für welche $\pi - 1$ und p teilerfremd sind, ist der Satz selbstverständlich[3]. Setzt man nämlich $(\pi - 1) \cdot r + p s = 1$, so ist für jede durch π nicht teilbare Zahl x

$$x = x^{(\pi - 1)r + ps} \equiv (x^s)^p \quad (\text{mod. } \pi);$$

wählt man also drei durch π nicht teilbare Zahlen x, y, z so, daß $x + y + z \equiv 0 \ (\text{mod. } \pi)$ wird, so besteht auch die Kongruenz

$$(x^s)^p + (y^s)^p + (z^s)^p \equiv 0 \quad (\text{mod. } \pi).$$

---

[1] Libri, Journ. f. Mathem. 9, S. 275.

[2] Dickson, Journ. f. Mathem. 135, S. 181.

[3] Man darf h als nicht durch 3 teilbar voraussetzen, denn für eine Primzahl $\pi = 6h'p + 1$ hat (109) die Lösung $x = g^{4h'}$, $y = g^{2h'}$, $z = 1$, wo g primitive Wurzel (mod. π).

Damit in jener Voraussetzung die Kongruenz (109) in ganzen durch π nicht teilbaren Zahlen lösbar sei, war Bedingung, daß für ebensolche Zahlen ξ, η die Kongruenz

$$(109\,\mathrm{a}) \qquad\qquad 1 + \xi^p \equiv \eta^p \quad (\mathrm{mod.}\ \pi)$$

oder, was dasselbe sagt, daß für zwei ganze Zahlen s, t, die der Reihe $0, 1, 2, \ldots 2h - 1$ entnommen werden können, die Kongruenz

$$(110) \qquad\qquad 1 + g^{ps} \equiv g^{pt} \quad (\mathrm{mod.}\ \pi),$$

in welcher g eine primitive Wurzel von π bedeutet, erfüllt sei. Diese Kongruenz ist ein spezieller Fall der allgemeineren:

$$(111) \qquad\qquad 1 + g^{ps+i} \equiv g^{pt+k} \quad (\mathrm{mod.}\ \pi),$$

in der i, k zwei Zahlen der Reihe $0, 1, 2 \ldots p - 1$ bezeichnen, und welche in der Lehre von der Kreisteilung eine wichtige Rolle spielt bei Aufstellung der Gleichungen, denen die Kreisteilungsperioden genügen[1]. Wir bezeichnen mit $m_i^{(k)}$ die Anzahl der bezeichneten Wertsysteme s, t, für welche entsprechend dem bestimmten Wertsysteme i, k die Kongruenz (111) lösbar ist; $m_0^{(o)}$ bezeichnet dann die Anzahl der gedachten Systeme s, t, welche der Kongruenz (110) genügen. Unsere Aufgabe besteht also im Nachweise, wann immer $m_0^{(o)}$ einen von Null verschiedenen Wert hat.

Unter den Beziehungen, welche zwischen den $m_i^{(k)}$ bestehen, heben wir hier sogleich die folgenden heraus[2]:

$$(112^1) \qquad\qquad m_0^{(k)} + m_1^{(k)} + \cdots + m_{p-1}^{(k)} = 2h,$$
$$(k = 1, 2, \ldots p - 1)$$

$$(112^2) \qquad\qquad m_0^{(o)} + m_1^{(o)} + \cdots + m_{p-1}^{(o)} = 2h - 1,$$

und

$$m_i^{(k)} = m_{i-k}^{(p-k)},$$

also

$$(112\,\mathrm{a}) \qquad\qquad m_k^{(k)} = m_0^{(p-k)}.$$

Auch ist leicht zu sehen, daß

$$(113) \qquad\qquad m_i^{(k)} = m_k^{(i)}$$

---

[1] S. des Verfassers „Die Lehre von der Kreisteilung usw.", 15. Vorlesung.
[2] Ebendas. S. 201, Formel (6) und S. 203, Formel (11).

ist. — Die Kreisteilungsperioden sind die Ausdrücke

$$\eta_k = \sum_{t=0}^{2h-1} r^{g^{p\,t+k}} \quad (k = 0,\ 1,\ 2, \ldots p - 1),$$

wo r eine primitive Wurzel der Gleichung $x^\pi = 1$ bezeichnet; und wenn man, unter ω eine primitive Wurzel der Gleichung $x^p = 1$ verstehend,

$$[\omega^m,\ r] = \sum_{k=0}^{p-1} \omega^{km} \cdot \eta_k$$

setzt, so haben diese Ausdrücke die folgenden Eigenschaften:

Wenn $m + n \not\equiv 0 \ (\mathrm{mod.}\ p)$, so ist

$$\frac{[\omega^m,\ r] \cdot [\omega^n,\ r]}{[\omega^{m+n},\ r]} = \sum_{\mu=1}^{\pi-2} \omega^{m\ \mathrm{ind.}\ \mu - (m+n)\ \mathrm{ind.}\ (1+\mu)},$$

wo sich ind. μ auf den Modul π und seine primitive Wurzel g bezieht; wenn $n \not\equiv 0 \ (\mathrm{mod.}\ p)$ ist, so ist

$$[\omega^n,\ r] \cdot [\omega^{-n},\ r] = \pi.$$

Setzt man also speziell

(114)
$$\sum_{\mu} \omega^{\mathrm{ind.}\ \mu - (1+n)\ \mathrm{ind.}\ (1+\mu)} = R_n(\omega),$$

so ist auch

(115)
$$R_n(\omega) \cdot R_n(\omega^{-1}) = \pi.$$

Man hat aber, die gleichen Potenzen von ω in $R_n(\omega)$ zusammenfassend,

$$R_n(\omega) = C_{n0} + \sum_{k=1}^{p-1} C_{nk} \cdot \omega^k,$$

was mit Rücksicht auf die Gleichung

$$1 + \omega + \omega^2 + \cdots + \omega^{p-1} = 0$$

sich auch in der Form

$$R_n(\omega) = \sum_{k=1}^{p-1} a_{nk} \cdot \omega^k = \sum_{k=1}^{p-1} (C_{nk} - C_{n0}) \cdot \omega^k$$

schreiben läßt, und, da die Anzahl der Glieder in (114) gleich $\pi - 2$ ist,

$$C_{n0} + \sum_{k=1}^{p-1} C_{nk} = \pi - 2;$$

hiernach ergibt sich

$$(116) \qquad \sum_{k=1}^{p-1} a_{nk} = \pi - 2 - p \cdot C_{n0}.$$

Die Formel (115) gibt jetzt

$$\pi = \sum_{k=1}^{p-1} a_{nk}\,\omega^k \cdot \sum_{l=1}^{p-1} a_{nl}\,\omega^{-l}$$

$$= \sum_{k=1}^{p-1} a^2_{nk} + \sum_{s=1}^{\frac{p-1}{2}} (\omega^s + \omega^{-s})\,A_{ns},$$

wo

$$(117) \qquad \sum_{s=1}^{\frac{p-1}{2}} A_{ns} = \sum_{(k<l=0,\,1,\,2,\,\dots\,p-1)} a_{nk} \cdot a_{nl}$$

sein wird, und woraus wegen der Irreduktibilität der Kreisteilungsgleichung p^{ter} Einheitswurzeln

$$\sum_{k=1}^{p-1} a^2_{nk} - \pi = A_{ns}$$

zu schließen ist. Da hiernach A_{ns} einen vom Index s unabhängigen
Wert hat, folgt mit Rücksicht auf (117)

$$\pi = \sum_{k=1}^{p-1} a^2_{nk} - \frac{1}{\dfrac{p-1}{2}} \sum_{(k<l)} a_{nk} \cdot a_{nl},$$

darauf

$$(p-1)\,\pi = \sum_{k=1}^{p-1} a^2_{nk} + \sum_{(k<l)} (a_{nk} - a_{nl})^2$$

und

$$(p-1)^2 \cdot \pi - \Big(\sum_{k=1}^{p-1} a_{nk}\Big)^2 = p \cdot \sum_{(k<l)} (a_{nk} - a_{nl})^2.$$

Also ist

$$(p - 1 \cdot \sqrt{\pi} > \sum_{k=1}^{p-1} a_{nk}$$

und nach (116) folgt

$$(118) \qquad (p-1) \cdot \sqrt{\pi} > \pi - 2 - p \cdot C_{n0}.$$

26. Nun bedeutet offenbar C_{n0} die Anzahl der Glieder der Summe (114), deren Exponent durch p teilbar, für welche also

$$\mathrm{ind.}\,\mu - (1 + n)\,\mathrm{ind.}\,(1 + \mu) \equiv 0 \quad (\mathrm{mod.}\ p),$$

d. h., wenn $\mu \equiv g^{d+sp}$ gesetzt wird, für welche

$$d - (1 + n) \cdot \mathrm{ind.}\,(1 + g^{d+sp}) \equiv 0 \quad (\mathrm{mod.}\ p)$$

ist. Bezeichnet man mit v den Sozius von $1 + n$ (mod. p) derart, daß $v(1 + n) \equiv 1$ wird, so ist diese Kongruenz gleichbedeutend mit der folgenden:

$$dv \equiv \mathrm{ind.}\,(1 + g^{d+sp}) \quad (\mathrm{mod.}\ p),$$

und diese mit der anderen:

$$1 + g^{d+sp} \equiv g^{dv+tp} \quad (\mathrm{mod.}\ \pi),$$

und somit findet sich C_{n0} gleich der Anzahl der Systeme d, s, t, für welche diese Kongruenz besteht, d. h.

$$(119) \qquad C_{n0} = \sum_{d=0}^{p-1} m_d^{(dv)},$$

wo der Index dv (mod. p) zu nehmen ist. Dies Ergebnis gilt für jeden Wert $1, 2, \cdots p - 2$ des Index n; durchläuft aber n diese Zahlen, so nimmt der Sozius v von $1 + n$ die Zahlenwerte $2, 3, \cdots p - 1$ in einer gewissen Reihenfolge an, und daher erhält man durch Summation über diese Werte von n

$$\sum_{n=1}^{p-2} C_{n0} = \sum_{d=0}^{p-1} \sum_{v=2}^{p-1} m_d^{(dv)} = (p - 2) \cdot m_0^{(o)} + \sum_{d=1}^{p-1} \sum_{v=2}^{p-1} m_d^{(dv)}.$$

Hier ist dv bei der Summation den Zahlen

$$i = 1, \quad 2, \cdots d - 1, \quad d + 1, \cdots p - 1 \quad (\mathrm{mod.}\ p)$$

kongruent, also

$$\sum_{v=2}^{p-1} m_d^{(dv)} = \sum m_d^{(i)} = \sum m_i^{(d)},$$

also nach (112¹) gleich

$$2h - m_0^{(d)} - m_d^{(d)} = 2h - m_0^{(d)} - m_0^{(p-d)}.$$

Demnach kommt mit Beachtung von (112^2)

$$\sum_{d=1}^{p-1}\sum_{\nu=2}^{p-1} m_d^{(d\,\nu)} = 2h(p-1) - \sum_{d=1}^{p-1} m_0^{(d)} - \sum_{d=1}^{p-1} m_0^{(p-d)}$$

$$= 2h(p-1) - 2\cdot\sum_{d=1}^{p-1} m_0^{(d)}$$

$$= 2h(p-1) - 2(2h-1-m_0^{(o)}) = 2h(p-3) + 2m_0^{(o)} + 2\,,$$

und durch Substitution in die voraufgehende Gleichung endlich

$$\sum_{n=1}^{p-2} C_{n0} = p\cdot m_0^{(o)} + 2h(p-3) + 2\,.$$

Wird nun auch die Ungleichheit (118) für alle Werte von n gebildet und die entstehenden Ungleichheiten addiert, so findet sich

$$(p-1)(p-2)\cdot\sqrt{\pi} > (\pi-2)(p-2) - p^2\cdot m_0^{(o)} - 2hp(p-3) - 2p$$

oder

$$(120)\qquad p^2\cdot m_0^{(o)} > \pi - 3p + 1 - (p-1)(p-2)\sqrt{\pi}\,.$$

Aus dieser Ungleichheit zieht man daher den Schluß, daß die Zahl $m_0^{(o)}$ der Lösungen der Kongruenz (110) jedenfalls von Null verschieden, also Lösungen derselben und somit auch Lösungen der Kongruenz (109) in ganzen durch π nicht teilbaren Zahlen vorhanden sind, wenn

$$\pi - 3p + 1 > (p-1)(p-2)\sqrt{\pi}$$

ist; durch Quadrieren folgt hieraus die gleichbedeutende Ungleichheit

$$\pi^2 - \pi\cdot P + (3p-1)^2 \lessgtr 0\,,$$

worin P zur Abkürzung steht für

$$P = (p-1)^2(p-2)^2 + 6p - 2\,;$$

diese Bedingung ist aber jedenfalls erfüllt, wenn

$$\pi \lessgtr P\,,$$

womit die Richtigkeit des ausgesagten Satzes bewiesen ist. Sie ist es um so mehr, wenn

$$\pi = 2hp + 1 > P - 1$$

ist, d. h. wenn

$$2h > p^3 - 6p^2 + 13p - 6\,.$$

Bedenkt man schließlich, daß jeder Lösung der Kongruenz (110) eine Lösung $\xi \equiv g^s$, $\eta \equiv g^t$ der Kongruenz (109a) entspricht, und daß aus dieser einen sofort p^2 entspringen, wenn man

$$\xi \equiv g^{s+2hu}, \qquad \eta \equiv g^{t+2hv}$$
$$(u,\ v = 0,\ 1,\ 2,\ \cdots\ p-1)$$

setzt, so beträgt alsdann die Anzahl der Lösungen von (109a) in ganzen durch π nicht teilbaren Zahlen ξ, η nach (120) mindestens

$$\pi + 3p - 1 - (p-1)(p-2)\sqrt{\pi};$$

und weil wieder jeder Lösung ξ, η der Kongruenz (109a) je $\pi - 1$ Lösungen x, y, z der Kongruenz (109) entsprechen, indem man

$$x \equiv 1,\ 2,\ \cdots\ \pi-1;\quad y \equiv x\xi,\quad z \equiv -x\eta \quad (\mathrm{mod.}\ \pi)$$

setzt, wird dann die Anzahl der Lösungen der Kongruenz (109) in ganzen durch π nicht teilbaren Zahlen mindestens gleich

$$(\pi - 1)[\pi + 1 - 3p - (p-1)(p-2)\sqrt{\pi}]$$

sein.

Dickson hat auch die Aufgabe behandelt, die endliche Menge der Ausnahme-Primzahlen $\pi < P$ zu suchen, für welche die Kongruenz (109) oder die einfachere Kongruenz

$$1 + \xi^p \equiv \eta^p \quad (\mathrm{mod.}\ \pi)$$

keine durch π nicht teilbaren Lösungen zuläßt. Für solche Primzahlen π muß entweder ξ oder $1 + \xi^p$ durch π aufgehen, und darf zudem $1 + \xi^p$, wenn es nicht durch π aufgeht, kein p^{ter} Potenzrest, d. i. keine Wurzel der Kongruenz $x^{2h} \equiv 1$, und muß daher eine Wurzel der Kongruenz

$$\frac{x^{\pi-1}-1}{x^{2h}-1} = \sum_{s=0}^{p-1} x^{2hs} \equiv 0 \quad (\mathrm{mod.}\ \pi)$$

sein. Für solche Primzahlen ist also die Kongruenz

$$\xi \cdot (1 + \xi^p) \cdot \sum_{s=0}^{p-1}(1 + \xi^p)^{2hs} \equiv 0 \quad (\mathrm{mod.}\ \pi)$$

eine für jede Zahl ξ notwendige Bedingung. Durch eine Diskussion dieser Bedingung hat Dickson gefunden, daß für $p = 3$ die Primzahlen $\pi = 7$, 13; für $p = 5$ die Primzahlen $\pi = 11$, 41, 71, 101; für $p = 7$ die Primzahlen $\pi = 29$, 71, 113, 491 die einzigen Ausnahme-Primzahlen sind.

Wenn es hiernach für ein gegebenes p nur eine endliche Anzahl Primzahlen $\pi = 2hp + 1$ gibt, für welche die Kongruenz (109) keine durch π nicht teilbaren Lösungen besitzt, so ist andererseits für ein gegebenes h die Anzahl der Primzahlen $\pi = 2hp + 1$, oder der Exponenten p, für welche sie eine durch π teilbare Lösung zuläßt, nur eine endliche, denn nach dem Satze am Ende von Nr. 20 muß jede solche Primzahl ein Teiler von D_{2h} sein, deren es nur eine endliche Menge gibt, da D_{2h} von Null verschieden.

27. So sachgemäß der mitgeteilte Beweis des Dicksonschen Satzes auch ist, so umständliche Rechnungen erfordert er doch. Wir fügen daher einen sehr viel einfacheren hier an, welchen J. Schur[1] gegeben hat, indem er in scharfsinniger Weise das Stattfinden der Kongruenz (109) mit einem bemerkenswerten Satze der Kombinationslehre in Verbindung gebracht hat, aus welchem der Satz von Dickson sogleich zu erschließen ist. Allerdings ist die untere Grenze, welche Dickson für die Primzahlen π gegeben hat, eine schärfere, als die von Schur, dafür gilt aber der Beweis des letzteren auch für Werte des Exponenten p, die keine Primzahlen sind; so lautet sein Satz folgendermaßen:

Die Kongruenz

$$x^m + y^m \equiv z^m \quad (\text{mod. } \pi)$$

ist in ganzen durch π nicht teilbaren Zahlen stets lösbar, sobald

$$\pi > e \cdot m! + 1$$

ist, unter e die Basis des natürlichen Logarithmensystems verstanden.

Und der Hilfssatz der Kombinationslehre, auf welchen sich der Beweis für diese Behauptung gründet, sagt folgendes aus:

Verteilt man die Zahlen 1, 2, 3, $\cdots N$ irgendwie auf m Zeilen, so müssen, sobald $N > e \cdot m!$ ist, in mindestens einer Zeile zwei Zahlen zugleich mit ihrer Differenz vor-

---

[1] J. Schur, Jahresbericht der D. Math. Verein. 25, S. 114.

kommen. Nehmen wir nämlich an, das Gegenteil sei der Fall, dann sei Z_1 eine Zeile, in der möglichst viele der Zahlen vorkommen, und $x_1, x_2, \cdots x_{n_1}$ seien diese Zahlen nach der Größe geordnet; jedenfalls ist dann $N \gtreqless n_1 \cdot m$. Die $n_1 - 1$ Differenzen

$$(121) \qquad x_2 - x_1, \quad x_3 - x_1, \cdots x_{n_1} - x_1$$

sind Zahlen der Reihe $1, 2, \cdots N$, gehören aber nach der Voraussetzung nicht zur Zeile Z_1, verteilen sich also auf die übrigen $m - 1$ Zeilen. Nun sei wieder Z_2 eine dieser Zeilen, die möglichst viele der Differenzen (121) in sich enthält, etwa die n_2 Differenzen

$$(122) \qquad x_\alpha - x_1, \quad x_\beta - x_1, \quad x_\gamma - x_1, \cdots,$$

wobei $\alpha < \beta < \gamma < \cdots$ gedacht werden. Dann ist jedenfalls

$$n_1 - 1 \gtreqless n_2 (m - 1);$$

und, wenn man die erste der Zahlen (122) von den übrigen abzieht, so kommen die Differenzen

$$x_\beta - x_\alpha, \quad x_\gamma - x_\alpha, \cdots,$$

die sämtlich Zahlen der Reihe $1, 2, \cdots N$ sind, nach der Voraussetzung weder in der Zeile Z_2 noch in Z_1 vor, und verteilen sich daher auf die übrigen $m - 2$ Zeilen. Wählt man unter den letzteren wieder eine Zeile Z_3 aus, die möglichst viele jener Differenzen enthält, und ist deren Anzahl n_3, so findet man

$$n_2 - 1 \gtreqless n_3 (m - 2),$$

und so fortfahrend eine Reihe ganzer Zahlen $n_1, n_2, n_3, \cdots n_\mu$ mit $\mu \gtreqless m$ derart, daß

$$n_i - 1 \gtreqless n_{i+1} (m - i)$$

ist, und deren letzte n_μ offenbar gleich 1 sein muß, da sonst das Verfahren noch fortgesetzt werden könnte. Hieraus aber ergibt sich

$$\frac{n_i}{(m-i)!} \gtreqless \frac{n_{i+1}}{(m-i-1)!} + \frac{1}{(m-i)!},$$

und durch Addition über die Werte des Index i

$$\frac{n_1}{(m-1)!} \gtreqless \frac{1}{(m-1)!} + \frac{1}{(m-2)!} + \cdots + \frac{1}{(m-\mu)!} < e,$$

also

$$N \gtreqless e \cdot m!$$

gegen die Voraussetzung.

In Anwendung dieses hiermit bewiesenen Hilfssatzes sei nun zuerst $\pi - 1 = k \cdot m$. Bedeutet dann g eine primitive Wurzel (mod. π), so bilden die Potenzen

$$g^\mu, \quad g^{\mu + m}, \quad g^{\mu + 2m}, \cdots g^{\mu + (k-1)m}$$

$$(\mu = 0, 1, 2, \cdots m - 1)$$

ein reduziertes Restsystem (mod. π), und, wenn r_ν den kleinsten positiven Rest von g^ν bezeichnet, so finden sich also die Zahlen $1, 2, \cdots \pi - 1$ entsprechend auf m Zeilen

$$r_\mu, \quad r_{\mu + m}, \quad r_{\mu + 2m}, \cdots r_{\mu + (k-1)m},$$

$$(\mu = 0, 1, 2, \cdots m - 1)$$

verteilt. Ist daher $\pi - 1 > e \cdot m!$ so gibt es nach dem Hilfssatze wenigstens in einer dieser Zeilen zwei Zahlen $r_{\mu + \alpha m}$, $r_{\mu + \beta m}$, deren Differenz eine ihrer Zahlen $r_{\mu + \gamma m}$ ist, also

$$r_{\mu + \alpha m} - r_{\mu + \beta m} = r_{\mu + \gamma m}$$

d. h.

$$g^{\mu + \alpha m} \equiv g^{\mu + \beta m} + g^{\mu + \gamma m} \quad (\text{mod. } \pi),$$

oder

$$(g^\alpha)^m \equiv (g^\beta)^m + (g^\gamma)^m \quad (\text{mod. } \pi),$$

also eine Lösung der Kongruenz

$$(123) \qquad x^m + y^m \equiv z^m \quad (\text{mod. } \pi)^1$$

in ganzen durch π nicht teilbaren Zahlen.

Wenn aber $\pi - 1$ nicht teilbar ist durch m, so sei d größter gemeinsamer Teiler von $\pi - 1$ und m. Dann gibt es, wenn $\pi - 1 > e \cdot m!$ also auch $> e \cdot d!$ ist, dem eben Bewiesenen zufolge eine Lösung der Kongruenz

$$x^d + y^d \equiv z^d \quad (\text{mod. } \pi)$$

---

[1] Ist m eine ungerade Primzahl, so ist diese Kongruenz gleichbedeutend mit der andern:

$$x^m + y^m + z^m \equiv 0 \quad (\text{mod. } \pi).$$

in ganzen Zahlen x, y, x, welche teilerfremd sind zu π. Wenn aber

$$(\pi - 1)\,r + m\,s = d$$

gewählt wird, so ist

$$x^d = x^{(\pi - 1)\,r + m\,s} \equiv x^{m\,x}, \qquad y^d \equiv y^{m\,s}, \qquad x^d \equiv x^{m\,s} \quad (\mathrm{mod.}\ \pi),$$

folglich

$$\xi^m + \eta^m \equiv \zeta^m \quad (\mathrm{mod.}\ \pi),$$

wenn $\xi = x^s$, $\eta = y^s$, $\zeta = x^s$ gedacht wird; es gibt also auch jetzt eine Lösung der Kongruenz (123) in ganzen durch π nicht teilbaren Zahlen.

28. Endlich hat das Wesentliche des Dicksonschen Satzes mit ganz elementaren, rein zahlentheoretischen Mitteln Hurwitz bewiesen nicht nur für die Kongruenz

$$x^p + y^p + x^p \equiv 0 \quad (\mathrm{mod.}\ \pi),$$

sondern allgemeiner für die Kongruenz

$$a\,x^p + b\,y^p + c\,x^p \equiv 0 \quad (\mathrm{mod.}\ \pi),$$

in welcher jene als besonderer Fall enthalten ist, also gezeigt, daß für alle Primzahlen π oberhalb einer endlichen Grenze diese Kongruenz stets Lösungen hat, die durch π nicht teilbar sind[1]. Man darf dabei von der endlichen Menge der Primzahlen π absehen, welche in den Koeffizienten a, b, c aufgehen, auch kann man sich auf die Primzahlen von der Form $2\,h\,p + 1$ oder, wie wir schreiben wollen, von der Form $p\,q + 1$ beschränken, da für alle anderen die Kongruenz immer Lösungen hat, welche durch π nicht teilbar sind, wie ebenso erhellt, als anfangs von Nr. 25 bemerkt worden ist. Bezeichnet dann g eine primitive Wurzel $(\mathrm{mod.}\ \pi)$, so kann man

$$a \equiv g^\alpha, \qquad b \equiv g^\beta, \qquad c \equiv g^\gamma \quad (\mathrm{mod.}\ \pi)$$

setzen, und die Behauptung spricht sich dann so aus, daß die Kongruenz

$$g^{p\,\xi + \alpha} + g^{p\,\eta + \beta} + g^{p\,\zeta + \gamma} \equiv 0 \quad (\mathrm{mod.}\ \pi)$$

für alle Primzahlen $\pi = p\,g + 1$ oberhalb einer nur von p abhängigen endlichen Grenze stets Lösungen ξ, η, ζ zulasse.

---

[1] Journ. f. Mathem. 136, S. 272.

Man betrachtet nur inkongruente Lösungen (mod. π), also inkongruente Systeme ξ, η, ζ (mod. $\pi - 1$). Die Anzahl $\mathfrak{A}$ dieser Systeme drückt man einfach aus, wenn man eine Funktion

$$w(x)$$

der ganzen Zahl x einführt, die gleich 1 ist, so oft x durch π teilbar, gleich 0, so oft x durch π nicht teilbar ist; man erhält so die Bestimmung

$$\mathfrak{A} = \sum w(g^{p\,\xi+\alpha} + g^{p\,\eta+\beta} + g^{p\,\zeta+\gamma}),$$

die Summation über alle inkongruenten Systeme ξ, η, ζ (mod. $\pi - 1$) erstreckt. Da aber diese Systeme erhalten werden, wenn man

$$\xi = q\,r_1 + r, \qquad \eta = q\,s_1 + s, \qquad \zeta = q\,t_1 + t$$

setzt, und unter r, s, t die Zahlen der Reihe 0, 1, 2, $\cdots q - 1$, unter r_1, s_1, t_1 die Zahlen der Reihe 0, 1, 2, $\cdots p - 1$ versteht, und da je p^3 Systemen ξ, η, ζ dasselbe Restsystem r, s, t (mod. q) entspricht, zudem aber

$$g^{p\,\xi+\alpha} + g^{p\,\eta+\beta} + g^{p\,\zeta+\gamma} \equiv g^{p\,r+\alpha} + g^{p\,s+\beta} + g^{p\,t+\gamma} \quad (\text{mod. } \pi)$$

ist, findet man einfacher

$$(124) \qquad \mathfrak{A} = p^3 \cdot \sum_{(r,\,s,\,t)} w(g^{p\,r+\alpha} + g^{p\,s+\beta} + g^{p\,t+\gamma}).$$

Bezeichnen allgemeiner α_1, α_2, $\cdots \alpha_\varrho$ gegebene ganze Zahlen, so wird die Anzahl A aller (mod. $\pi - 1$) inkongruenten Lösungen ξ_1, ξ_2, $\cdots \xi_\varrho$ der Kongruenz

$$g^{p\,\xi_1+\alpha_1} + g^{p\,\xi_2+\alpha_2} + \cdots + g^{p\,\xi_\varrho+\alpha_\varrho} \equiv 0 \quad (\text{mod. } \pi)$$

durch

$$(125) \qquad A = p^\varrho \cdot \sum_{(t_1,\,t_2,\,\cdots\,t_\varrho)} w(g^{p\,t_1+\alpha_1} + g^{p\,t_2+\alpha_2} + \cdots + g^{p\,t_\varrho+\alpha_\varrho})$$

ausgedrückt, worin die Summe über alle q^ϱ (mod. q) inkongruenten Systeme t_1, t_2, $\cdots t_\varrho$ zu erstrecken ist. Man setze nun

$$(126) \qquad [\alpha_1, \alpha_2, \cdots \alpha_\varrho] = \frac{1}{q} \cdot \sum_{(t_1,\,t_2,\,\cdots\,t_\varrho)} w(g^{p\,t_1+\alpha_1} + g^{p\,t_2+\alpha_2} + \cdots + g^{p\,t_\varrho+\alpha_\varrho}),$$

laut welcher Definition des Symbols $[\alpha_1, \alpha_2, \cdots \alpha_\varrho]$

(124a) $$\mathfrak{A} = (\pi - 1) \cdot p^2 \cdot [\alpha, \beta, \gamma]$$

zu setzen ist. **Offenbar ist dann**

(127) $$[\alpha_1] = 0,$$

denn $g^{p\,t_1 + \alpha_1}$ ist niemals durch π teilbar. Die Summe

$$g^{p\,t_1 + \alpha_1} + g^{p\,t_2 + \alpha_2}$$

aber geht dann und nur dann durch π auf, wenn

$$p\,t_1 + \alpha_1 \equiv p\,t_2 + \alpha_2 + \frac{\pi - 1}{2} \quad (\text{mod. } \pi - 1),$$

also nur dann, wenn $\alpha_1 \equiv \alpha_2$ (mod. p) ist, und dann entspricht jedem Werte von t_1 ein einziger Wert von t_2, und somit wird dann $[\alpha_1, \alpha_2] = \dfrac{1}{q} \cdot q$; man findet also:

(127a) $$\left\{ \begin{array}{llll} [\alpha_1, \alpha_2] = 1, & \text{wenn} & \alpha_1 \equiv \alpha_2 \\ [\alpha_1, \alpha_2] = 0, & \text{wenn} & \alpha_1 \not\equiv \alpha_2 \end{array} \right\} \quad (\text{mod. } p).$$

29. Allgemein gelten für das Symbol $[\alpha_1, \alpha_2, \cdots \alpha_\varrho]$ folgende Gesetze:

1. Es ist offenbar symmetrisch in bezug auf seine Elemente, bleibt nämlich unverändert, wenn diese untereinander vertauscht werden.

2. Es ändert sich auch nicht, wenn seine Elemente durch andere, ihnen (mod. p) kongruente ersetzt werden. Denn offenbar darf man in (125) die Summationsbuchstaben $t_1, t_2, \cdots t_\varrho$, unter $k_1, k_2, \cdots k_\varrho$ beliebige ganze Zahlen verstanden, durch $t_1 + k_1, t_2 + k_2, \cdots t_\varrho + k_\varrho$ ersetzen; dies läuft aber darauf hinaus, $\alpha_1, \alpha_2, \cdots \alpha_\varrho$ um beliebige Vielfache von p zu verändern.

3. Offenbar ist ferner für jede ganze Zahl k

$$[\alpha_1 + k, \quad \alpha_2 + k, \quad \cdots \alpha_\varrho + k] = [\alpha_1, \alpha_2, \cdots \alpha_\varrho].$$

4. Faßt man in der Summe (125) die Glieder zusammen, die einem bestimmten Werte t_ϱ entsprechen, so erhält man die Summe

$$\sum w \left(g^{p\,t_\varrho} \left[g^{p\,t_1' + \alpha_1} + g^{p\,t_2' + \alpha_2} + \cdots + g^{p\,t_{\varrho-1}' + \alpha_{\varrho-1}} + g^{\alpha_\varrho} \right] \right),$$

wo

$$t_1' = t_1 - t_\varrho, \quad t_2' = t_2 - t_\varrho, \quad \cdots t_{\varrho-1}' = t_{\varrho-1} - t_\varrho$$

zugleich mit $t_1, t_2, \cdots t_{\varrho-1}$ alle $q^{\varrho-1}$ (mod. q) inkongruenten Systeme von Resten durchlaufen, oder, was dasselbe sagt, da $g^{p\,t_\varrho}$ durch π nicht teilbar ist, die Summe

$$(128) \qquad \sum{}' w\left(g^{p\,t_1'+\alpha_1} + \cdots + g^{p\,t'_{\varrho-1}+\alpha_{\varrho-1}} + g^{\alpha_\varrho}\right);$$
$$(t_1', t_2' \cdots t'_{\varrho-1})$$

da aber t_ϱ q Werte anzunehmen hat, findet sich so: Das Symbol $[\alpha_1, \alpha_2, \cdots \alpha_{\varrho-1}, \alpha_\varrho]$ ist gleich der Summe (128), und ist demnach, wenn es nicht Null ist, stets gleich einer positiven ganzen Zahl. Da aber ferner $\alpha_\varrho \equiv \alpha_\varrho + \dfrac{\pi-1}{2}$ (mod. p), also

$$\left[\alpha_1, \alpha_2, \cdots \alpha_\varrho + \frac{\pi-1}{2}\right] = [\alpha_1, \alpha_2, \cdots \alpha_\varrho]$$

ist, wird das Symbol $[\alpha_1, \alpha_2, \cdots \alpha_{\varrho-1}, \alpha_\varrho]$ auch gleich der Summe

$$(129) \qquad \sum w\left(g^{p\,t_1'+\alpha_1} + \cdots + g^{p\,t'_{\varrho-1}+\alpha_{\varrho-1}} - g^{\alpha_\varrho}\right)$$
$$(t_1', t_2', \cdots t'_{\varrho-1})$$

sein.

Nun betrachte man das Symbol

$$(130) \qquad \begin{cases} {}'[\alpha_1, \alpha_2, \cdots \alpha_\varrho, \beta_1, \beta_2, \cdots \beta_\sigma] = \dfrac{1}{q} \\[2mm] \cdot \sum w\left(g^{p\,t_1+\alpha_1} + \cdots + g^{p\,t_\varrho+\alpha_\varrho} + g^{p\,u_1+\beta_1} + \cdots + g^{p\,u_\sigma+\beta_\sigma}\right), \\[2mm] (t_1, \cdots t_\varrho, u_1, \cdots u_\sigma) \end{cases}$$

dessen q-faches also die Anzahl der (mod. q) inkongruenten Lösungssysteme $t_1, \cdots t_\varrho, u_1, \cdots u_\sigma$ der Kongruenz

$$g^{p\,t_1+\alpha_1} + \cdots + g^{p\,t_\varrho+\alpha_\varrho} + g^{p\,u_1+\beta_1} + \cdots + g^{p\,u_\sigma+\beta_\sigma} \equiv 0 \quad (\text{mod. } \pi)$$

darstellt. Hier entsprechen jedem Systeme $t_1, t_2, \cdots t_\varrho$, für welches

$$g^{p\,t_1+\alpha_1} + g^{p\,t_2+\alpha_2} + \cdots + g^{p\,t_\varrho+\alpha_\varrho} \equiv 0 \quad (\text{mod. } \pi)$$

wird, deren Anzahl $q \cdot [\alpha_1, \alpha_2, \cdots \alpha_\varrho]$ ist, je die $q \cdot [\beta_1, \beta_2, \cdots \beta_\sigma]$ Systeme $u_1, u_2, \cdots u_\sigma$, für welche

$$g^{p\,u_1+\beta_1} + g^{p\,u_2+\beta_2} + \cdots + g^{p\,u_\sigma+\beta_\sigma} \equiv 0 \quad (\text{mod. } \pi)$$

ist; jedem Systeme der t, für welches

$$g^{p\,t_1+a_1} + g^{p\,t_2+a_2} + \cdots + g^{p\,t_\varrho+a_\varrho} \equiv g^i,$$

d. h. einem der durch π nicht teilbaren Reste kongruent ist, und deren Anzahl nach (129) gleich $[\alpha_1, \alpha_2, \cdots \alpha_\varrho, i]$ ist, entsprechen nach (128) je die $[\beta_1, \beta_2, \cdots \beta_\sigma, i]$ Systeme der u, für welche

$$g^{p\,u_1+\beta_1} + \cdots + g^{p\,u_\sigma+\beta_\sigma} + g^i \equiv 0 \quad (\text{mod. } \pi)$$

wird. Da nun i die Werte $0, 1, 2, \cdots \pi - 2$ anzunehmen hat, ergibt sich aus (130) die Gleichung

$$q \cdot [\alpha_1, \alpha_2, \cdots \alpha_\varrho, \beta_1, \beta_2, \cdots \beta_\sigma]$$
$$= q \cdot [\alpha_1, \alpha_2, \cdots \alpha_\varrho] \cdot q[\beta_1, \beta_2, \cdots \beta_\sigma]$$
$$+ \sum_{i=0}^{\pi-2} [\alpha_1, \alpha_2, \cdots \alpha_\varrho, i] \cdot [\beta_1, \beta_2, \cdots \beta_\sigma, i],$$

oder, indem man $i = p\,t + k$ setzen darf, wo t die Werte $0, 1, 2, \cdots q-1$; k die Werte $0, 1, 2, \cdots p-1$ anzunehmen hat, mit Beachtung von 2. nachstehende einfachere Gleichung:

$$131) \quad \left\{ \begin{aligned} & [\alpha_1, \alpha_2, \cdots \alpha_\varrho, \beta_1, \beta_2, \cdots \beta_\sigma] \\ & = q \cdot [\alpha_1, \alpha_2, \cdots \alpha_\varrho][\beta_1, \beta_2, \cdots \beta_\sigma] \\ & + \sum_{k=0}^{p-1} [\alpha_1, \alpha_2, \cdots \alpha_\varrho, k][\beta_1, \beta_2, \cdots \beta_\sigma, k] \,. \end{aligned} \right.$$

Wir suchen endlich noch den **Wert der Summe**

$$\sum_{h=0}^{p-1} [\alpha + h, \alpha_1, \alpha_2],$$

d. h. nach (128) der Summe

$$\sum_{h=0}^{p-1} \sum w (\lambda \cdot g^a + g^{p\,t'+a_1} + g^{a_2}),$$

wo zur Abkürzung λ für $g^{t'\,p+h}$ gesetzt ist und, während t' von 0 bis $q-1$ und h von 0 bis $p-1$ läuft, ein volles System (mod. π) inkongruenter und durch π nicht teilbarer Zahlen durchläuft. Wenn nun

$$g^{p\,t_1'+a_1} + g^{a_2} \equiv 0 \quad (\text{mod. } \pi)$$

wird, was für $[\alpha_1, \alpha_2]$ Werte des $t_1{}'$ geschieht, kann das Argument der w-Funktion für keinen jener Werte von λ durch π teilbar werden; für die $q - [\alpha_1, \alpha_2]$ übrigen Werte von $t_1{}'$ wird es bei je einem Werte von λ durch π aufgehen. Somit wird also

$$(132) \qquad \sum_{h=0}^{p-1} [\alpha + h, \ \alpha_1, \alpha_2] = q - [\alpha_1, \alpha_2].$$

Diese Gleichung gestattet nun, in Verbindung mit (131) auch den Wert nachstehender Summe zu ermitteln:

$$\sum_{h=0}^{p-1} [\alpha_1 + h, \ \alpha_2 + h, \ \alpha_3, \alpha_4].$$

Sie ist zunächst gleich

$$q \cdot \sum_{h=0}^{p-1} [\alpha_1 + h, \ \alpha_2 + h] \, [\alpha_3, \alpha_4] + \sum_{h,k=0}^{p-1} [\alpha_1 + h, \ \alpha_2 + h, k] \, [\alpha_3, \alpha_4, k],$$

wofür man aber den Bemerkungen 2. und 3. gemäß

$$q \cdot p \, [\alpha_1, \alpha_2] \, [\alpha_3, \alpha_4] + \sum_{k} \left([\alpha_3, \alpha_4, k] \sum_{h'} [\alpha_1, \alpha_2, h'] \right)$$

schreiben kann, und wo $h' = k - h$ für jedes k zugleich mit h alle Reste $0, 1, 2, \cdots p - 1$ repräsentiert; da die Doppelsumme sich nach (132) gleich

$$\sum [k, \alpha_3, \alpha_4] \cdot (q - [\alpha_1, \alpha_2]) = (q - [\alpha_1, \alpha_2]) \, (q - [\alpha_3, \alpha_4])$$

ergibt, so erhält man also

$$(133) \qquad \left\{ \begin{aligned} &\sum_{h=0}^{p-1} [\alpha_1 + h, \ \alpha_2 + h, \ \alpha_3, \alpha_4] \\[2mm] &= (\pi - 1) \cdot [\alpha_1, \alpha_2] \cdot [\alpha_3, \alpha_4] + (q - [\alpha_1, \alpha_2]) \, (q - [\alpha_3, \alpha_4]). \end{aligned} \right.$$

30. Dies vorausgeschickt, betrachten wir nun die Summe

$$a_{n,m} = \sum_{h=0}^{p-1} [h, m + n h, 0];$$

wie das Symbol selbst, stellt sie, wenn sie nicht Null ist, eine **positive ganze Zahl** vor, deren Wert unverändert bleibt, wenn m, n **durch** irgendwelche ihnen (mod. p) kongruente Zahlen ersetzt werden. Insbesondere findet sich nach (132)

$$(134) \qquad a_{0,m} = a_{1,m} = q - [m, 0],$$

und für die Summe

$$\sum_{m=0}^{p-1} a_{n,m} = \sum_{m,h=0}^{p-1} [h, m + n\,h, 0] = \sum_{h=0}^{p-1} (q - [h, 0])$$

mit Beachtung von (127a) der Wert

$$(135) \qquad a_{n,0} + a_{n,1} + \cdots + a_{n,p-1} = p\,q - 1 = \pi - 2 .$$

Bezeichnet man nun mit $s_{n,m}$ die Summe

$$s_{n,m} = \sum_{h=0}^{p-1} a_{n,h} \cdot a_{n,h+m}$$

$$= \sum_{h,i,k=0}^{p-1} [i, h + n\,i, 0] \cdot [k, h + m + n\,k, 0],$$

so läßt sich dieselbe mit Verwendung der vorbemerkten Eigenschaften des Symbols und der Formeln (131), (133) in die Form:

$$s_{n,m} = \sum_{k} \Big[(\pi - 1)[(n - 1)k - m, 0][n\,k - m, 0]$$
$$+ (q - [(n - 1)k - m, 0]) (q - [n\,k - m, 0]) \Big] - q$$

überführen, aus welcher mit Beachtung von (127a), wenn n weder $\equiv 0$ noch $\equiv 1$ (mod. p), die Gleichungen

$$s_{n,m} = (\pi - 4)q + \pi, \qquad \text{wenn } m \equiv 0 \quad (\text{mod. } p),$$
$$s_{n,m} = (\pi - 4)q, \qquad\qquad \text{wenn } m \not\equiv 0 \quad (\text{mod. } p),$$

oder die folgenden Beziehungen

$$a_{n,0}^2 + a_{n,1}^2 + \cdots + a_{n,p-1}^2 = (\pi - 4)q + \pi,$$
$$a_{n,0} \cdot a_{n,m} + a_{n,1} \cdot a_{n,m+1} + \cdots + a_{n,p-1} \cdot a_{n,m+p-1} = (\pi - 4)q$$
$$(m = 1, 2, \cdots p - 1)$$

hervorgehen. Demnach wird, wenn nicht $m \not\equiv 0$ (mod. p) ist,

$$(136) \qquad \begin{cases} (a_{n,0} - a_{n,m})^2 + (a_{n,1} - a_{n,m+1})^2 + \cdots \\ \qquad + (a_{n,p-1} - a_{n,m+p-1})^2 = 2\,\pi; \end{cases}$$

hierin findet sich $a_{n,r}$ für einen bestimmten Wert des Index r allein in den beiden Quadraten

$$(a_{n,r} - a_{n,m+r})^2, \quad (a_{n,m-r} - a_{n,r})^2,$$

deren Summe gleich

$$2 \cdot \left[\left(a_{n,r} - \frac{a_{n,r+m} + a_{n,r-m}}{2} \right)^2 + \left(\frac{a_{n,r+m} - a_{n,r-m}}{2} \right)^2 \right]$$

ist, und aus (136) folgt

$$\left(a_{n,r} - \frac{a_{n,r+m} + a_{n,r-m}}{2} \right)^2 + P = \pi,$$

unter P eine nicht negative ganze Zahl verstanden, welche sogar positiv sein muß, da π Primzahl ist, also ergibt sich die Ungleichheit

$$- \sqrt{\pi} < a_{n,r} - \frac{a_{n,r+m} + a_{n,r-m}}{2} < \sqrt{\pi},$$

wenn n weder $\equiv 0$ noch $\equiv 1$ (mod. p) und $m \not\equiv 0$ (mod. p) ist. Bildet man dieselbe für alle erlaubten Werte $m = 1, 2, \cdots, p-1$ und addiert, so kommt wegen der Gleichung

$$\sum_{m=1}^{p-1} \frac{a_{n,r+m} + a_{n,r-m}}{2} = - a_{n,r} + \sum_{m=0}^{p-1} \frac{a_{n,r+m} + a_{n,r-m}}{2}$$

und, da nach (135)

$$\sum_{m=0}^{p-1} a_{n,r+m} = \sum_{m=0}^{p-1} a_{n,r-m} = \sum_{h=0}^{p-1} a_{n,h} = \pi - 2 \quad \text{ist,}$$

$$(137) \qquad \pi - 2 - (p-1)\sqrt{\pi} < p \cdot a_{n,r} < \pi - 2 + (p-1)\sqrt{\pi}.$$

wenn n weder $\equiv 0$ noch $\equiv 1$ (mod. p) ist.

31. Hieraus lassen sich nun leicht auch Grenzen für unser Symbol $[\alpha, \beta, \gamma]$ gewinnen. Man betrachte die Summe

$$\sum_{n=0}^{p-1} a_{n, \alpha - n\beta} = \sum_{n, h=0}^{p-1} [h, \alpha - n\beta + nh, 0].$$

Für $h \equiv \beta$ (mod. p) wird für jedes n

$$\alpha - n\beta + nh \equiv \alpha \quad (\text{mod. } p);$$

ist dagegen $h \not\equiv \beta$ (mod. p), so durchläuft $\alpha - n\beta + nh$ zugleich mit n ein vollständiges Restsystem (mod. p), und so erhält man

$$\sum_{n=0}^{p-1} a_{n,\,a-n\beta} = p \cdot [\beta, \alpha, 0] + \sum_{h}' \sum_{k} [h, k, 0].$$

die Summation nach h nur über die Reste (mod. p) mit Ausschluß des Restes β erstreckt. Mit Beachtung von (132) geht diese Gleichung in die folgende über:

$$\sum_{n=0}^{p-1} a_{n,\,a-n\beta} = p \cdot [\beta, \alpha, 0] + \pi - 2 - q + [\beta, 0]$$

und liefert gemäß den Werten

$$a_{0,\,a} = q - [\alpha, 0], \qquad a_{1,\,a-\beta} = q - [\alpha - \beta, 0] = q - [\alpha, \beta]$$

die neue Beziehung

$$p \cdot [\beta, \alpha, 0] = \sum_{n=2}^{p-1} a_{n,\,a-n\beta} + 3q - (\pi - 2) - [\alpha, 0] - [\alpha, \beta] - [\beta, 0],$$

oder, wenn noch α, β durch $\alpha - \gamma, \beta - \gamma$ ersetzt werden, die andere:

$$p \cdot [\alpha, \beta, \gamma] = 3q + 2 - \pi - \eta + \sum_{n=2}^{p-1} a_{n,\,a-\gamma+n(\beta-\gamma)},$$

wo zur Abkürzung

$$\eta = [\alpha, \beta] + [\beta, \gamma] + [\gamma, \alpha]$$

gesetzt, also gleich 0, 1, 3 ist, je nachdem α, β, γ inkongruent, oder zwei unter ihnen, oder alle drei einander kongruent sind (mod. p). Da nun für die hier noch auftretende Summe gemäß des Ergebnisses (137) die beiden Grenzen

$$\frac{p-2}{p} [\pi - 2 \mp (p-1)\sqrt{\pi}]$$

gefunden werden, erhält man endlich den Satz:

Für das Symbol $[\alpha, \beta, \gamma]$ gelten die Ungleichheiten:

$$\pi + 1 - (p-1)(p-2)\sqrt{\pi} - p\eta < p^2 \cdot [\alpha, \beta, \gamma]$$

$$< \pi + 1 + (p-1)(p-2)\sqrt{\pi} - p\eta,$$

und deshalb für die Anzahl $\mathfrak{A}$ inkongruenter Lösungen der Kongruenz

$$a x^p + b y^p + c z^p \equiv 0 \quad (\text{mod. } \pi)$$

in ganzen durch π nicht teilbaren Zahlen die Ungleichheiten:

$$\pi + 1 - (p-1)(p-2) \cdot \sqrt{\pi} - p\,\eta < \frac{\mathfrak{A}}{\pi - 1}$$

$$< \pi + 1 + (p-1)(p-2)\sqrt{\pi} - p\,\eta.$$

$\mathfrak{A}$ ist also jedenfalls positiv, sobald π eine gewisse endliche nur von p abhängige Grenze überschreitet, und nimmt sogar mit π derartig zu, daß

$$\lim \cdot \frac{\mathfrak{A}}{\pi - 1} = 1\,.$$

----

32. Blicken wir an dieser Stelle einmal zurück!

Es hat sich gezeigt, daß der Teil des Fermatproblems, der bei den Beweisen für die Exponenten $p = 3, 5, 7$ eine einfach zu erledigende Vorarbeit war, der Nachweis, daß bei jeder etwaigen Lösung der Gleichung

$$x^p + y^p + z^p = 0$$

eine der Zahlen x, y, z durch den Exponenten teilbar sein müßte, für den allgemeinen Fall eine schwere Aufgabe ist, die bisher allen Versuchen, sie zu lösen, noch Widerstand geleistet hat. Dabei ist sehr beachtenswert, daß bei diesen Bemühungen sich nirgends ein Anlaß oder eine Handhabe geboten hat, jene Methode einer descente infinie zur Anwendung zu bringen, welcher sich Fermat mit Vorliebe bedient und die er aller Wahrscheinlichkeit nach auch bei seinem Beweise des Theorems befolgt hat. Füglich kann man daher sich fragen, in welcher Weise er mit diesem Teile des Problems zu Rande gekommen, und ob vielleicht bei seinem Beweise eine Unterscheidung der Fälle I und II gar nicht erforderlich gewesen sein mag. Sein Beweis müßte alsdann aber in der Tat, wenn nicht irrig, wahrhaft wunderbar gewesen sein, oder auf ganz anderen Prinzipien beruht haben, als man bisher zu verwenden gewußt, und sein Verlust wäre daher nur um so mehr zu beklagen.

Aber gehen wir weiter! Die Aufgabe, zu entscheiden, ob die Gleichung

$$x^p + y^p + z^p = 0$$

ganzzahlige Lösungen habe oder nicht, ist ihrer Natur nach eine Aufgabe der unbestimmten (Diophantischen) Analysis, und im Anbeginn auch als solche behandelt. Aber schon die Zerlegung von $x^p + y^p$ in die beiden Faktoren

$$x + y, \quad \frac{x^p + y^p}{x + y}$$

und sodann die Untersuchung, ob der zweite Faktor eine p^{te} Potenz oder das p fache einer solchen sein könne, durch welche die Eigenschaften gewisser algebraischer Zahlenkörper, insbesondere die Zerlegbarkeit ihrer Zahlen in Primfaktoren in Frage kamen, leiteten dazu über, das Problem als ein solches der multiplikativen Zahlentheorie zu erfassen. Doch die entscheidende Wendung in der Behandlung desselben nach dieser Richtung verdankt man erst Kummer, der dem Gedanken Raum gab, den Ausdruck $x^p + y^p$ in seine Linearfaktoren

$$x^p + y^p = (x + y)(x + \alpha y)(x + \alpha^2 y) \cdots (x + \alpha^{p-1} y)$$

zu zerlegen, in denen α eine primitive Wurzel der Gleichung $\alpha^p = 1$, eine primitive p^{te} Einheitswurzel bezeichnet. Damit betrat er aber das Gebiet des Körpers $\Re(\alpha)$, der von dieser Einheitswurzel erzeugt wird, des sogenannten Kreisteilungskörpers, und es lag nahe, dann von der beschränkten Annahme ganzer rationaler Zahlen x, y, z abzusehen und das Fermatproblem allgemeiner zu fassen, nämlich den Beweis zu versuchen, daß die Gleichung

$$x^p + y^p = z^p$$

nicht nur in ganzen rationalen, sondern allgemeiner in ganzen Zahlen des Kreisteilungskörpers unmöglich sei[1]. Hier war nun

---

[1] Schon Lamé (Journ. des Mathém. 12 [1847] p. 137 u. 172) hat die Unmöglichkeit der Gleichungen $A^5 + B^5 + C^5 = 0$ und $A^n + B^n + C^n = 0$ in ganzen komplexen Zahlen nachzuweisen gesucht, doch sind diese Arbeiten teils nicht stichhaltig, teils neben den Kummerschen Untersuchungen bedeutungslos.

in erster Linie erforderlich, die bis dahin noch unbekannten multiplikativen Gesetze seiner Zahlen, insbesondere die für ihre Zerlegung in einfachste Faktoren geltenden zu ergründen. Der Umstand, der dabei zum erstenmal in der Arithmetik zur Erscheinung kam, daß diese Zerlegung keine eindeutige war, und welcher zunächst ein unüberwindliches Hindernis schien, eine der gewöhnlichen analoge Arithmetik der Zahlenkörper zu entwickeln, wurde im Gegenteil dank dem Kummerschen Genius zum Ursprung des schönsten und erhabensten Teiles der heutigen Zahlentheorie, einer allen Zahlenkörpern gemeinsamen, von den gleichen Grundgesetzen beherrschten allgemeinen Arithmetik: Kummer schuf die Theorie der idealen Zahlen. Später hat dann Dedekind an Stelle der letzteren reale Gebilde des Körpers treten lassen, die er gleichwohl, an Kummers Terminologie anknüpfend, Ideale genannt hat. Indem wir nun im folgenden von den Kummerschen Untersuchungen über das Fermatproblem Rechenschaft geben wollen, sind wir zu ihrem Verständnis genötigt, von diesen Begriffen und den wesentlichsten Sätzen der Arithmetik der Zahlenkörper, soweit sie dabei in Frage kommen, in Kürze eine allgemeine Idee zu entwerfen.

33. Mit $\mathfrak{g}$ bezeichnen wir die Gesamtheit aller algebraisch ganzen Zahlen ω eines Körpers, mit γ eine bestimmte derselben. Statt sie selbst anzugeben, kann man auch die Gesamtheit aller ihrer Vielfachen $\omega \cdot \gamma$ denken, weil diese von jeder ähnlichen Gesamtheit verschieden und γ allein entsprechend ist. Diese Gesamtheit ganzer Zahlen des Körpers, die wir $\mathfrak{g}\gamma$ nennen, hat die doppelte Eigenschaft, daß zwei ihrer Zahlen, $\omega\gamma$, $\omega'\gamma$, eine Summe und Differenz geben, die gleichfalls der Gesamtheit angehören, und daß auch jede ihrer Zahlen $\omega\gamma$ mit einer beliebigen Zahl ω' in $\mathfrak{g}$ multipliziert wieder zu ihr gehört; denn auch $\omega \pm \omega'$ und $\omega \cdot \omega'$ sind ganze Zahlen. Allgemein nennt man nun nach Dedekind eine Gesamtheit ganzer Zahlen des Körpers, der diese zwei Eigenschaften zukommen, ein Ideal desselben, und das soeben bezeichnete Ideal $\mathfrak{g}\gamma$ ein Hauptideal. —

Sind $\mathfrak{j}$, $\mathfrak{i}$ zwei Ideale, von denen alle Zahlen des zweiten auch unter den Zahlen des ersten sich finden, so heißt $\mathfrak{i}$ teilbar durch $\mathfrak{j}$; und nach geeigneter Definition des Produkts zweier Ideale, der gemäß das Produkt selbst wieder ein Ideal wird, kann man dann $\mathfrak{i}$

gleich einem Produkte $\mathfrak{j} \cdot \mathfrak{j}'$ zweier Idealfaktoren setzen, deren einer jener Teiler ist. Wenn $\mathfrak{p}$ ein Ideal ist, das keinen Teiler hat, also solche Zerlegung nicht zuläßt, so heißt es ein Primideal, und nun ist es ein Hauptsatz der Körpertheorie, daß jedes Ideal in eindeutiger Weise in solche Primidealfaktoren zerlegt werden kann. Solches gilt also auch von jedem Hauptideal $\mathfrak{g}\gamma$, und da wir dieses als Vertreter der Zahl γ betrachten durften, so wird auf diese Weise dem Körper die Eigenschaft der eindeutigen Zerlegbarkeit seiner Zahlen in einfachste Faktoren, die ihm verloren schien, wiedergewonnen.

Zwei Ideale $\mathfrak{a}$, $\mathfrak{b}$ heißen äquivalent, wenn es zwei ganze Zahlen α, β des Körpers gibt derart, daß $\alpha \cdot \mathfrak{a} = \beta \cdot \mathfrak{b}$, oder vielmehr, daß die Produkte $\mathfrak{g}\alpha \cdot \mathfrak{a}$ und $\mathfrak{g}\beta \cdot \mathfrak{b}$ einander gleich sind. Alle untereinander äquivalenten Ideale faßt man in eine Klasse zusammen, und solcher Klassen gibt es in jedem Körper nur eine endliche Anzahl h. Sämtliche Hauptideale bilden offenbar eine Klasse. die auch nur aus solchen besteht, und Hauptklasse H genannt wird. — Gehören zwei Ideale $\mathfrak{a}$, $\mathfrak{b}$ derselben Klasse C, $\mathfrak{a}'$, $\mathfrak{b}'$ derselben Klasse C' an, so gehören auch die Produkte $\mathfrak{a}\mathfrak{a}'$ und $\mathfrak{b}\mathfrak{b}'$ zu ein- und derselben Klasse K, die aus jenen beiden zusammengesetzt genannt und als ihr Produkt, $K = C \cdot C'$ bezeichnet wird. Bildet man so die sukzessiven Potenzen C, C^2, C^3, $\cdots$ einer Klasse C, so wird stets C^h zur Hauptklasse, $C^h = H$, oder, was dasselbe sagt: die h^{te} Potenz eines beliebigen Ideals $\mathfrak{j}$ ist stets ein Hauptideal:

$$\mathfrak{j}^h = \mathfrak{g}\gamma\,.$$

Hieraus folgt sogleich ein Satz, den wir als wichtigen Hilfssatz werden zu benutzen haben: Ist p eine Primzahl, welche nicht in der Klassenzahl h aufgeht, und ist $\mathfrak{j}^p = \mathfrak{g}\omega$ ein Hauptideal, so gibt es Zahlen r, s der Art, daß $1 = rp + sh$, also $\mathfrak{j} = \mathfrak{j}^{rp} \cdot \mathfrak{j}^{sh} = \mathfrak{g}\omega^r \cdot \mathfrak{g}\gamma^s = \mathfrak{g} \cdot \omega^r \gamma^s$ ist, also ist dann auch $\mathfrak{j}$ selbst ein Hauptideal.

34. Diese Betrachtungen und Sätze gelten nun zwar auch in jedem Körper, dessen Zahlen eine eindeutige Zerlegung in einfachste Faktoren zulassen, aber für einen solchen ist die Einführung der Ideale nicht erforderlich, da alle seine Ideale Hauptideale sind, und, weil diese nur die Stelle der entsprechenden Zahlen des Körpers ver-

treten, für ihn die Zerlegung der Ideale in Primidealfaktoren identisch ist mit der Zerlegung der Zahlen in Primzahlen. Zu diesen speziellen Körpern gehört nun der Kreisteilungskörper, der aus der primitiven Einheitswurzel $\varrho = \dfrac{-1 + \sqrt{-3}}{2}$ dritten Grades oder der Gleichung $\varrho^3 = 1$, oder einer Wurzel der Gleichung $\varrho^2 + \varrho + 1 = 0$ erzeugt wird, welchem wir bereits bei der Fermatschen Gleichung

$$(138) \qquad\qquad x^3 + y^3 + z^3 = 0$$

begegnet sind. Wir müssen hier auf diese Gleichung noch einmal zurückkommen, weil schon lange vor Kummer für sie das Fermatproblem in der von jenem verallgemeinerten Fassung von Gauss gestellt, nämlich die Unmöglichkeit der Gleichung (138) in ganzen Zahlen des Kreisteilungskörpers, d. h. in komplexen ganzen Zahlen von der Form $a + b\varrho$ behauptet und in einfachster Weise bewiesen worden ist[1].

Es war zunächst wieder zu zeigen, daß eine der Zahlen x, y, z durch den Exponenten 3, oder vielmehr, da dieser nach der Formel $3 = -\varrho^2 \cdot (1 - \varrho)^2$, vom Einheitsfaktor $-\varrho^2$ abgesehen, das Quadrat des Primfaktors $1 - \varrho$ ist, durch $1 - \varrho$ teilbar sein muß. Setzt man zu diesem Zwecke

$$y + z = \xi, \quad z + x = \eta, \quad x + y = \zeta,$$

also

$$2x = -\xi + \eta + \zeta, \quad 2y = \xi - \eta + \zeta, \quad 2z = \xi + \eta - \zeta,$$

so folgt aus der Formel (28) mit Rücksicht auf (138) für $p = 3$ die Gleichung

$$(\xi + \eta + \zeta)^3 = 24 \cdot \xi \eta \zeta.$$

Da hier die rechte Seite den Faktor $3 = -\varrho^2(1 - \varrho)^2$ hat, muß $\xi + \eta + \zeta$ durch $1 - \varrho$, die linke Seite, dann also auch die rechte Seite durch $(1 - \varrho)^3$ teilbar sein, und demnach eine der Zahlen ξ, η, ζ, etwa $\zeta = x + y$, und deshalb auch $x^3 + y^3 = -z^3$, und folglich auch z selbst durch $1 - \varrho$ aufgehen.

---

[1] Dieser Beweis ist in seinem Nachlasse gefunden und im 2. Bd. der ges. Werke S. 387 veröffentlicht worden; er dürfte etwa auf die Jahre 1808/9 zu datieren sein; s. des Verfassers „Über Gauss' zahlentheoretische Arbeiten" in Gauss W. Xa, § 25.

Dies vorausgeschickt, sei x, y, z eine Lösung der Gleichung (138), bei welcher z durch $1 - \varrho$, also, da wir x, y, z als relative Primzahlen voraussetzen dürfen, x und y nicht durch $1 - \varrho$ teilbar sind. Nun läßt eine durch $1 - \varrho$ nicht teilbare Zahl $x = a + b\varrho$ (mod. 3) einen der Reste ± 1, $\pm \varrho$, $\pm \varrho^2$, also eine der Zahlen $x, \varrho x, \varrho^2 x$ einen der beiden Reste ± 1; da man aber in Gleichung (138) x durch ϱx, $\varrho^2 x$ ersetzen darf, und da nach den Voraussetzungen

$$x^3 + y^3 \equiv 0 \quad \text{oder} \quad y^3 \equiv - x^3 \quad (\text{mod. } 3)$$

ist, darf man offenbar die Zahlen x, y, z der vorausgesetzten Lösung so wählen, daß

$$x \equiv 1, \quad y \equiv - 1 \quad (\text{mod. } 3)$$

oder

$$x = 1 + 3\alpha, \quad y = -1 + 3\beta$$

wird, unter α, β zwei komplexe ganze Zahlen verstanden. Setzt man alsdann

$$\frac{x\varrho + y\varrho^2}{\varrho - \varrho^2} = \quad 1 + (\varrho^2 - \varrho)(\alpha\varrho + \beta\varrho^2) = A\,,$$

$$\frac{x\varrho^2 + y\varrho}{\varrho - \varrho^2} = - 1 + (\varrho^2 - \varrho)(\alpha\varrho^2 + \beta\varrho) = B\,,$$

$$\frac{x + y}{\varrho - \varrho^2} = \quad (\varrho^2 - \varrho)(\alpha + \beta) = C,$$

so erhält man die Gleichungen

(139) $$A + B + C = 0$$

und

(140) $$A \cdot B \cdot C = \left(\frac{z}{\varrho^2 - \varrho}\right)^3,$$

sowie die beiden folgenden:

$$x = - \varrho A + \varrho^2 B, \quad y = \varrho^2 A - \varrho B,$$

aus welchen folgt, daß A, B keinen gemeinsamen Teiler haben können, da diesen sonst auch x, y hätten, gegen die Voraussetzungen. Aus Gleichung (139) geht dann hervor, daß auch A, C und B, C teilerfremd sein müssen, und da das Produkt aus A, B, C nach (140) ein

Kubus ist, müssen die drei Faktoren jeder für sich ein Kubus sein, etwa

$$A = \xi^3, \quad B = \eta^3, \quad C = \zeta^3,$$

und wegen (139)

$$\xi^3 + \eta^3 + \zeta^3 = 0;$$

da hier C den Faktor $1 - \varrho$ hat, mithin A, B diesen Faktor nicht enthalten, ist nach (140) ζ ein Faktor von $\dfrac{x}{\varrho^2 - \varrho}$, der den Faktor $1 - \varrho$ enthält, aber weniger oft als x; man kommt also von der vorausgesetzten Lösung der Gleichung (138) zu einer zweiten von ähnlicher Art, nur daß die durch $1 - \varrho$ teilbare Zahl diesen Faktor weniger oft enthält als in der ersten. Da man von ihr aus aber in gleicher Weise fortschließen kann, käme man endlich zu einer Lösung, bei der keine der Unbestimmten durch $1 - \varrho$ mehr aufginge, wie es doch solcher Lösungen schon erwiesenermaßen keine gibt. **Die Gleichung (138) ist also in ganzen komplexen Zahlen $a + b\varrho$ unlösbar.**

35. Die **Kummerschen** Forschungen zum Fermatproblem, zu denen wir jetzt übergehen, haben nun außer den allgemeinen Sätzen der Körpertheorie, die wir voraufgeschickt, die gesamte Theorie des Kreisteilungskörpers und mannigfache besondere Sätze derselben zur Grundlage, deren mühsame Herleitung hier nicht wiedergegeben werden kann; wir müssen uns darauf beschränken, sie, wo wir ihrer bedürfen, einfach auszusprechen und als feststehende Tatsachen zu benutzen. Nur bei einer Reihe leichter zu erledigender Sätze wollen wir besseren Verständnisses halber noch etwas ausführlicher verweilen.

Sei also p eine ungerade Primzahl und α eine primitive Wurzel der Gleichung $\alpha^p = 1$, d. h. eine Wurzel der Gleichung

$$(141) \qquad \alpha^{p-1} + \alpha^{p-2} + \cdots + \alpha + 1 = 0 .$$

Alle Zahlen des aus der Einheitswurzel α erzeugten Kreisteilungskörpers $\Re(\alpha)$ sind dann von der Form

$$f(\alpha) = a + a_1 \alpha + a_2 \alpha^2 + \cdots + a_{p-1} \cdot \alpha^{p-1},$$

mit ganzen oder gebrochenen rationalen Koeffizienten a_i, je nachdem sie algebraisch ganze oder gebrochene Zahlen des Körpers sind Setzt man

$$(142) \qquad\qquad 1 - \alpha = \mathsf{A},$$

so kann man dafür offenbar, bei entsprechender anderer Bedeutung der Zeichen a_i, auch schreiben

$$f(\alpha) = a + a_1 \mathsf{A} + a_2 \mathsf{A}^2 + \cdots + a_{p-1} \mathsf{A}^{p-1}.$$

Das Produkt der konjugierten Zahlen

$$f(\alpha), \quad f(\alpha^2), \quad f(\alpha^3), \quad f(\alpha^{p-1})$$

heißt die Norm von $f(\alpha)$, in Zeichen $Nf(\alpha)$, und ist stets eine rationale Zahl, die sogar ganz ist, wenn $f(\alpha)$ selbst eine ganze Zahl des Körpers bezeichnet. Ist diese Norm gleich 1, so heißt $f(\alpha)$ eine Einheit. Solcher gibt es im Körper im allgemeinen unendlich viele, aber nach einem allgemeinen Satze von Dirichlet lassen sie sich sämtlich auf eine endliche Anzahl von Fundamentaleinheiten zurückführen, aus denen sie durch Multiplikation erhalten werden. Letztere können im Kreisteilungskörper unter den sogenannten Kreisteilungseinheiten gewählt werden, d. i. den Einheiten von der Form

$$\varepsilon(\alpha^i) = \sqrt{\frac{(1 - \alpha^{g^i})(1 - \alpha^{-g^i})}{(1 - \alpha^i)(1 - \alpha^{-i})}},$$

unter g eine primitive Wurzel (mod. p) verstanden, welche der Gleichung

$$\varepsilon(\alpha^i) = \varepsilon(\alpha^{-i})$$

Genüge leisten, also reell sind. Somit wird nach Dirichlets Satze jede Einheit in $\Re(\alpha)$ von der Form

$$(143) \qquad\qquad E(\alpha) = \alpha^k \cdot \mathsf{E}(\alpha)$$

sein, worin $\mathsf{E}(\alpha)$ eine reelle Einheit, also

$$\mathsf{E}(\alpha) = \mathsf{E}(\alpha^{-1})$$

ist.

Aus der Gleichung

$$\frac{x^p - 1}{x - 1} = (x - \alpha)(x - \alpha^2) \cdots (x - \alpha^{p-1})$$

erhalten wir für $x = 1$ die Zerlegung

$$144) \qquad\qquad p = (1 - \alpha)(1 - \alpha^2) \cdots (1 - \alpha^{p-1});$$

da aber $\dfrac{1 - \alpha^k}{1 - \alpha}$ eine Einheit, von einer solchen abgesehen jeder der

Faktoren also dem ersten gleich ist, so wird p, von einer Einheit abgesehen, gleich $(1 - \alpha)^{p-1}$, oder das Ideal $\mathfrak{g}p$ die $p - 1^{\text{te}}$ Potenz des Primideals

$$\mathfrak{g}\,\mathsf{A} = \mathfrak{a},$$

also

$$(145) \qquad\qquad \mathfrak{g}p = \mathfrak{a}^{p-1}$$

sein. Hiernach findet sich durch Erhebung von $f(\alpha)$ in die p^{te} Potenz offenbar die Kongruenz

$$f(\alpha)^p \equiv a^\nu \quad (\text{mod. } \mathfrak{a}^\nu)$$

d. h. der Satz: daß die p^{te} Potenz jeder ganzen Zahl in $\Re(\alpha)$ (mod. $\mathfrak{a}^p$) einer rationalen ganzen Zahl kongruent ist. Nach dem Ausdrucke für $f(\alpha)$ ist solche Zahl selbst (mod. $\mathfrak{a}$) einer rationalen ganzen Zahl kongruent; wenn sie aber auch (mod. $\mathfrak{a}^2$) einer solchen, und zwar durch $\mathfrak{a}$ nicht teilbaren Zahl kongruent ist, soll sie eine **primäre**[1] Zahl genannt werden. Es gilt der Satz, daß jede durch $\mathfrak{a}$ nicht teilbare ganze Zahl des Körpers durch Multiplikation mit einer Potenz von α zu einer primären Zahl gemacht werden kann. In der Tat, setzt man

$$f(\alpha) \equiv a + a_1(1 - \alpha) \quad (\text{mod. } \mathfrak{a}^2),$$

so wird

$$\alpha^k \cdot f(\alpha) \equiv a\alpha^k + a_1(1 - \alpha)\alpha^k$$
$$\equiv a\left(1 - (1 - \alpha)\right)^k + a_1(1 - \alpha)\left(1 - (1 - \alpha)\right)^k$$
$$\equiv a + (a_1 - ka)(1 - \alpha) \quad \text{mod. } \mathfrak{a}^2;$$

wählt man daher k der Kongruenz $a_1 \equiv ka$ (mod. p) gemäß, was möglich ist, da a durch $1 - \alpha$, also auch durch p nicht teilbar vorausgesetzt ist, so kommt

$$\alpha^k \cdot f(\alpha) \equiv a \quad (\text{mod. } \mathfrak{a}^2).$$

Eine Primzahl p soll **regulär** heißen, wenn der zugehörige Kreisteilungskörper eine Klassenzahl h besitzt, welche nicht durch p teilbar ist. Kummer hat durch eine besondere Untersuchung, die mit zu dem Schönsten gehört von dem, was er geleistet hat, nach-

---

[1] Kürzehalber wählen wir hier diesen Ausdruck statt des gebräuchlichen genaueren Ausdrucks **semiprimär**.

gewiesen, daß diese Primzahlen diejenigen Primzahlen p sind, welche in keiner der ersten $\dfrac{p-3}{2}$ sogenannten Bernoullischen Zahlen

$$B_1, \quad B_2, \quad B_3, \cdots B_{\frac{p-3}{2}}$$

als Faktor enthalten sind. Für die Kreisteilungskörper dieser Art gilt dann nachfolgender Satz, von dem wir bald werden Gebrauch zu machen haben: Ist eine Einheit (mod. p) einer ganzen rationalen Zahl kongruent, so ist sie die p^{te} Potenz einer anderen Einheit.

Die Kummersche Untersuchung ergibt ferner, daß die Klassenzahl des Kreisteilungskörpers nur einmal durch eine Primzahl p teilbar ist, wenn diese nur in einer der genannten Bernoullischen Zahlen aufgeht, und umgekehrt.

36. Nunmehr sagt die Kummersche Behauptung, zu deren Beweis wir jetzt schreiten wollen, daß, sobald p eine reguläre Primzahl ist, die Gleichung

$$(146) \qquad\qquad x^p + y^p + z^p = 0$$

in ganzen Zahlen des zugehörigen Kreisteilungskörpers unlösbar ist. Den Fall $p = 3$, der bereits durch den vorstehend mitgeteilten Beweis von Gauss als erledigt angesehen werden kann, lassen wir dabei außer Betracht. Die Zahlen x, y, z können wir zu je zweien ohne gemeinsamen Zahlenfaktor voraussetzen, da ein solcher offenbar auch der dritten gemeinsam sein müßte, seine p^{te} Potenz also weggehoben werden könnte. Dann sind wieder die beiden Fälle I und II zu unterscheiden, in deren erstem vorausgesetzt wird, es sei x, y, z eine Lösung, bei welcher keine der drei Zahlen x, y, z durch a oder $A = 1 - \alpha$ teilbar ist. Da in (146) nur die p^{ten} Potenzen vorkommen, also x, y, z mit jeder Potenz von α multipliziert werden können, darf man offenbar diese Zahlen nach voriger Nummer als primär voraussetzen. Die Gleichung (146) läßt sich nun schreiben wie folgt:

$$(x + y)(x + \alpha y)(x + \alpha^2 y) \cdots (x + \alpha^{p-1} y) = (-x)^p.$$

Man erkennt zunächst, daß je zwei Faktoren links keinen Zahlenfaktor gemeinsam haben können; denn, ginge ein solcher sowohl in $x + \alpha^m y$ als in $x + \alpha^n y$ auf, so auch in

$$(\alpha^m - \alpha^n)\,x, \quad \text{und in} \quad (\alpha^m - \alpha^n)\,y\,,$$

und wäre also entweder $\mathsf{A} = 1 - \alpha$, der Voraussetzung zuwider, daß x diesen Faktor nicht enthält, oder — wieder gegen die Voraussetzungen — ein gemeinsamer Zahlenfaktor von x, y. Ein gemeinsamer Idealteiler beider Faktoren, also auch von x, y, müßte in jedem Faktor zur Linken, also auch in x aufgehen, und, wenn man ihn weghebt, so erhält man eine Gleichung, in welcher nun die Faktoren links zu je zweien teilerfremd gedacht werden können, und, da ihr Produkt eine p^{te} Potenz ist, jeder für sich eine solche sein müßte. Daraus folgen Gleichungen wie diese:

$$(147) \qquad \begin{cases} x + y = \mathfrak{j}^p \cdot \mathfrak{b} \\[4pt] x + \alpha y = \mathfrak{j}_1{}^p \cdot \mathfrak{b} \\[4pt] \cdots \cdots \cdots \\[4pt] x + \alpha^{p-1} y = \mathfrak{j}_{p-1}^{\,\nu} \cdot \mathfrak{b}\,, \end{cases}$$

in denen $\mathfrak{b}, \mathfrak{j}, \mathfrak{j}_1, \cdots \mathfrak{j}_{p-1}$ gewisse Ideale vorstellen, und aus welchen man die folgenden erschließt:

$$(x + \alpha^{p-1} y) \cdot \mathfrak{j}_k^p = (x + a^k y) \cdot \mathfrak{j}_{p-1}^p\,.$$
$$(k = 0,\ 1,\ 2 \cdots p - 2)$$

Man bestimme l so, daß $\alpha^l \cdot (x + \alpha^{p-1} y)$ primär wird. Setzt man dann

$$\xi = \frac{x}{\alpha^l \cdot (x + \alpha^{p-1} y)}, \quad \eta = \frac{y}{\alpha^l \cdot (x + \alpha^{p-1} y)}\,,$$

so werden ξ, η zwei gebrochene, ebenfalls primäre Zahlen des Körpers sein, also

$$(148) \qquad \xi \equiv m, \quad \eta \equiv n \pmod{\mathfrak{a}^2}\,,$$

unter m, n zwei rationale (ganze) Zahlen verstanden, und vorstehende Gleichung geht über in

$$(149) \qquad \mathfrak{j}_k{}^p = (\xi + \alpha^k \eta) \cdot \mathfrak{j}_{p-1}^{\,\nu}\,.$$
$$(k = 0,\ 1,\ 2 \cdots p - 2)$$

Andererseits sind nach Ende von Nr. 33 $\mathfrak{j}_k''^h$, $\mathfrak{j}_{p-1}'^h$ Hauptideale, also einander äquivalent, d. h. es gibt eine ganze oder gebrochene Zahl γ_k des Körpers der Art, daß

$$(150) \qquad \mathfrak{j}_k''^h = \gamma_k \cdot \mathfrak{j}_{p-1}'^h$$

ist. Da aber p, h teilerfremd sind, gibt es Zahlen r. s, für welche

$$1 = rp + sh$$

ist, und demzufolge erhält man aus (149), (150) durch Potenzerhebung und Multiplikation beider Gleichungen die neue:

$$\mathfrak{j}_k = (\xi + \alpha^k \eta)^r \cdot \gamma_k^s \cdot \mathfrak{j}_{p-1} ,$$

wofür kürzer

$$\mathfrak{j}_k = \lambda_k \cdot \mathfrak{j}_{p-1}$$

geschrieben werde. Dadurch verwandelt sich die Gleichung (149) in die andere:

$$\lambda_k^p \mathfrak{j}_k'' = (\xi + \alpha^k \eta) \cdot \mathfrak{j}_k'' ,$$

aus welcher leicht zu schließen ist, daß die beiden Zahlen λ_k^p, $\xi + \alpha^k \eta$ sich nur um einen Einheitsfaktor unterscheiden, daß also

$$\xi + \alpha^k \eta = \lambda_k^p \cdot E_k(\alpha),$$

oder nach (143)

$$\xi + \alpha^k \eta = \alpha^{n_k} E_k(\alpha) \cdot \lambda_k^p$$
$$(k = 0, 1, 2, \cdots p - 2)$$

ist, während die Potenz λ_k^p einer Zahl λ_k des Körpers einem oben bewiesenen Satze zufolge einer rationalen Zahl a_k (mod. $\mathfrak{a}^p$) kongruent ist. Also kommt

$$(151) \qquad \xi + \alpha^k \eta \equiv \alpha^{n_k} \cdot E_k(\alpha) \cdot a_k \quad (\text{mod. } \mathfrak{a}^p),$$
$$(k = 0, 1, 2, \cdots p - 2)$$

und, wenn α durch α^{-1} ersetzt wird, wodurch ξ. η in ξ', η' übergehen mögen.

$$(152) \qquad \xi' + \alpha^{-k} \eta' \equiv \alpha^{-n_k} \cdot E_k(\alpha) \cdot a_k \quad (\text{mod. } \mathfrak{a}^p);$$
$$(k = 0, 1, 2, \cdots p - 2)$$

dabei werden ξ', η' denselben Kongruenzen (148) genügen, wie ξ, η, also

$$\xi' \equiv m, \quad \eta' \equiv n \quad (\text{mod. } \mathfrak{a}^2)$$

sein. Da nun aus (151), (152)

$$(153) \qquad \xi + \alpha^k \eta \equiv \alpha^{2n_k} \xi' + \alpha^{2n_k-k} \cdot \eta' \qquad (\text{mod. } \mathfrak{a}^p)$$

hervorgeht, so schließt man

$$m + \alpha^k n \equiv \alpha^{2n_k} \cdot m + \alpha^{2n_k-k} \cdot n \qquad (\text{mod. } \mathfrak{a}^2),$$
$$(k = 0, 1, 2, \cdots p - 2)$$

und wegen der allgemeinen Beziehung

$$\alpha^i \equiv 1 - i(1 - \alpha) \qquad (\text{mod. } \mathfrak{a}^2)$$

die Kongruenz

$$2n_k(m + n) \equiv 2kn$$

(mod. $\mathfrak{a}$), also, da sie zwischen rationalen Zahlen besteht, auch (mod. p).
Andererseits findet sich aus den Werten von ξ, η die Gleichung

$$\xi + \alpha^{p-1} \cdot \eta = \alpha^{-l},$$

also die Kongruenz

$$(154) \qquad\qquad m + n \equiv 1$$

mod. $\mathfrak{a}$), also auch (mod. p), wodurch die voraufgehende die einfache
Gestalt erhält:

$$n_k \equiv kn \qquad (\text{mod. } p).$$
$$(k = 0, 1, 2 \cdots p - 2)$$

Bildet man nun die Kongruenz (153) für die vier ersten Werte des
Index $k = 0, 1, 2, 3$, so erhält man vier lineare Kongruenzbeziehungen
zwischen den Zahlen ξ, η. ξ', η', zu deren Bestehen erforderlich ist,
daß die Determinante

$$\begin{vmatrix} 1, & 1, & 1, & 1 \\ 1, & \alpha, & \alpha^{2n}, & \alpha^{2n-1} \\ 1, & \alpha^2, & (\alpha^{2n})^2, & (\alpha^{2n-1})^2 \\ 1, & \alpha^3, & (\alpha^{2n})^3, & (\alpha^{2n-1})^3 \end{vmatrix} \equiv 0 \qquad (\text{mod. } \mathfrak{a}^p),$$

d. h. daß

$$(155) \quad (1-\alpha)(1-\alpha^{2n})(1-\alpha^{2n-1})(\alpha-\alpha^{2n})(\alpha-\alpha^{2n-1})(\alpha^{2n}-\alpha^{2n-1}) \equiv 0$$
$$(\text{mod. } \mathfrak{a}^p)$$

ist. Gleich Null werden könnte dieser Ausdruck nur zugleich mit
einem seiner Faktoren. d. h. für einen der Werte $n \equiv 0, 1, \frac{1}{2}$ (mod. p),

welche jedoch durch die Voraussetzungen ausgeschlossen sind. Denn $n \equiv 0$ (mod. p) gäbe η, also $y \equiv 0$ (mod. $\mathfrak{a}$); $n \equiv 1$, also wegen (154) $m \equiv 0$ gäbe ξ, also $x \equiv 0$ (mod. $\mathfrak{a}$); endlich $n \equiv \frac{1}{2}$ also auch $m \equiv \frac{1}{2}$ (mod. p) gäbe $x \equiv y$ (mod. $\mathfrak{a}$); da jedoch x, y, z in Gleichung (146) symmetrisch vorkommen, könnte man in gleicher Weise auch $x \equiv z$ und $z \equiv y$ (mod. $\mathfrak{a}$) erschließen, wodurch diese Gleichung zur Kongruenz

$$x^p + y^p + z^p \equiv 3\,x^p \equiv 0 \quad \text{(mod. } \mathfrak{a})$$

würde. welche nicht stattfinden kann, da nach den Voraussetzungen weder 3 noch z durch $\mathfrak{a}$ teilbar ist. Da hiernach aber jeder Faktor zur Linken von (155) genau einmal durch $\mathfrak{a}$ aufgeht, kann diese Kongruenz nicht bestehen, wenn $p \gtrless 7$ ist, folglich ist dann die Gleichung (146) in der vorausgesetzten Weise unlösbar.

Für $p = 5$ ergibt sich aber dasselbe aus der einfachen Bemerkung, daß dann jede Zahl nach dem Modul 5, also auch (mod. $\mathfrak{a}$) nur einen der Reste ± 1, ± 2, und somit die Potenzen x^5, y^5, z^5 nur einen der Reste ± 1, ± 32 lassen können, daß aber keine Kombination von drei dieser Reste die Null (mod. $\mathfrak{a}$) ergibt.

Die Kummersche Behauptung ist demnach richtig im Falle I.

37. Wir setzen nun zweitens x, y, z als eine Lösung der Gleichung (146) voraus, bei welcher eine der Zahlen x, y, z, etwa z, durch $\mathsf{A} = 1 - \alpha$ teilbar ist, setzen $z = \mathsf{A}^\mu \cdot z'$, wo z' nicht mehr durch A aufgehe, und betrachten statt der Gleichung (146) die allgemeinere:

$$(146\,a) \qquad x^p + y^p = E(\alpha) \cdot \mathsf{A}^{\mu p} \cdot z'^{\,p},$$

unter $E(\alpha)$ irgendeine Einheit des Körpers $\mathfrak{K}(\alpha)$ verstehend; die Zahlen x, y dürfen dabei wieder primär gedacht werden. Schreibt man diese Gleichung in der Form:

$$(x + y)(x + \alpha y) \cdots (x + \alpha^{p-1} y) = E(\alpha) \cdot \mathsf{A}^{\mu p} \cdot z'^{\,p},$$

so muß wenigstens ein Faktor zur Linken. etwa $x + \alpha^i y$, durch A teilbar sein. Da aber die Differenzen

$$(x + \alpha^k y) - (x + \alpha^i y) = (\alpha^k - \alpha^i)\,y,$$

$$\alpha^i(x + \alpha^k y) - \alpha^k(x + \alpha^i y) = -(\alpha^k - \alpha^i)\,x$$

ebenfalls durch A teilbar sind, so muß auch der Minuendus, d. h. jeder Faktor des obigen Produkts durch A teilbar sein; die Faktoren $x + \alpha^k y$, $x + \alpha^i y$ können aber nicht beide diesen Teiler mehrfach enthalten, da sonst x, y durch ihn teilbar wären, was nicht sein kann, da x, y, z als teilerfremd gedacht werden dürfen. Hiernach werden alle Faktoren zur Linken bis auf einen genau einmal durch A teilbar sein, dieser eine aber, der es mehrfach sein kann, und es wirklich ist, ist $x + y$, denn $x + y$ ist primär:

$$x + y \equiv a \quad (\text{mod. } A^2),$$

also, weil teilbar durch A, sogar teilbar durch A^2, weil dann die rationale Zahl a durch $p = A^{p-1}$ aufgehen müßte. Aus diesem Verhalten der Faktoren ersieht man, daß das Produkt den Faktor A mindestens $p + 1$ mal enthält, und daß somit $\mu > 1$ sein muß. Also ist eine Gleichung (146a), in welcher $\mu = 1$ ist, unmöglich.

Für $\mu > 1$ aber folgert man durch dieselben Erwägungen, wie im vorigen Fall, Gleichungen von der folgenden Gestalt:

$$x + y = A^{p(\mu-1)+1} \cdot j^p \cdot \mathfrak{d},$$

$$x + \alpha y = A \cdot j_1^p \cdot \mathfrak{d},$$

$$\cdot \quad \cdot \quad \cdot \quad \cdot \quad \cdot \quad \cdot$$

$$x + \alpha^{p-1} y = A \cdot j_{p-1}^p \cdot \mathfrak{d},$$

wo wieder $\mathfrak{d}$ den größten gemeinsamen Idealteiler von x, y, und $j, j_1, \cdots j_{p-1}$ gewisse Ideale bezeichnen. Aus ihnen ergeben sich die Beziehungen:

$$A^{p(\mu-1)} \cdot (x + \alpha^{p-1} y) \cdot j^p = (x + y) \cdot j_{p-1}^p,$$

$$(x + \alpha^{p-1} y) \cdot j_k^p = (x + \alpha^k y) \cdot j_{p-1}^p,$$

$$(k = 1, 2, \cdots p - 2)$$

oder, wenn

$$\xi = \frac{A\,x}{x + \alpha^{p-1} y}, \qquad \eta = \frac{A\,y}{x + \alpha^{p-1} y}$$

gesetzt wird, diese andern:

$$(\xi + \eta) \cdot j_{p-1}^p = A^{p(\mu-1)+1} \cdot j^p,$$

$$(\xi + \alpha^k \cdot \eta) \cdot j_{p-1}^p = A \cdot j_k^p$$

$$(k = 1, 2, \cdots, p - 2),$$

welche ihrerseits in Verbindung mit den Gleichungen (150) die nachstehenden ergeben:

$$\left(\mathsf{A}^{p(\mu-1)+1}\right)^r \cdot \mathsf{j} = (\xi + \eta)^r \gamma_0^{\,x} \cdot \mathsf{j}_{p-1} = \lambda_0 \cdot \mathsf{j}_{p-1},$$

$$\mathsf{A}^r \cdot \mathsf{j}_k = (\xi + \alpha^k \eta)^r \gamma_k^{\,x} \cdot \mathsf{j}_{p-1} = \lambda_k \cdot \mathsf{j}_{p-1};$$

$$(k = 1, 2, \cdots, p - 2)$$

und durch Elimination von j_{p-1} mittels derselben aus den vorigen
Gleichungen gehen schließlich Gleichungen hervor von folgender
Gestalt

$$\xi + \eta = \frac{\mathsf{A}^{p(\mu-1)+1} \cdot \mu_0^{\,p}}{v} \cdot E_0(\alpha),$$

$$\xi + \alpha^k \eta = \frac{\mathsf{A}\,\mu_k^{\,p}}{v} \cdot E_k(\alpha),$$

$$(k = 1, 2, \cdots, p - 2)$$

unter μ_0, μ_k, v ganze durch A nicht teilbare Zahlen, unter $E_0(\alpha)$,
$E_k(\alpha)$ Einheiten des Körpers $\Re(\alpha)$ verstanden. Schreibt man nun nur
die drei ersten dieser Gleichungen und eliminiert dann die Größen ξ, η,
so entsteht eine Beziehung von der Form

$$(156) \qquad \mu_1^{\,p} + \mu_2^{\,p} \cdot E'(\alpha) = \mathsf{A}^{p(\mu-1)} \cdot E(\alpha) \cdot \mu_0^{\,p},$$

in der $E'(\alpha)$, $E(\alpha)$ gewisse Einheiten bedeuten. Wird sie als Kongruenz (mod. A) aufgefaßt, so ergibt sich, da die p^{ten} Potenzen der
ganzen Zahlen μ_1, μ_2 (mod. A^p) bekanntlich ganzen rationalen Zahlen
kongruent sind, daß auch die Einheit $E'(\alpha)$ einer solchen (mod. A^p),
also auch (mod. $p = \mathsf{A}^{p-1}$) kongruent, und folglich dem Schlußsatze in
Nr. 35 zufolge eine p^{te} Potenz einer anderen Einheit sein muß. Nimmt
man diese mit $\mu_2^{\,p}$ zusammen, so geht aus (156) eine Gleichung

$$\mu_1^{\,p} + \mu'^{\,p} = \mathsf{A}^{p(\mu-1)} \cdot E(\alpha) \cdot \mu_0^{\,p}$$

von derselben Gestalt hervor, wie die vorausgesetzte Gleichung (146a),
nur daß das durch A teilbare Glied diesen Teiler einmal weniger oft
enthält, wie in jener. Da man aber mit der letzteren Gleichung ebenso
verfahren kann, wie mit (146a) usw., so würde man endlich auf eine
Gleichung von der Gestalt der Gleichung (146a) geführt werden, in
welcher aber $\mu = 1$ ist, wie sie doch erwiesenermaßen nicht bestehen

kann, und somit ist die Unmöglichkeit der Gleichung (146a) festgestellt, die Kummersche Behauptung also auch im Falle II bewiesen.

38. Hiermit ist denn auch das Fermatsche Theorem in dem beschränkten Sinne rationaler ganzer Zahlen x, y, z für alle regulären Primzahlexponenten p in vollem Umfange als gültig bewiesen. Zu diesen Primzahlen zählen, wie die Berechnung der entsprechenden Bernoullischen Zahlen erkennen läßt, unter anderen alle Primzahlen < 100, bis auf die Zahlen $p = 37, 59, 67$, welche je in einer der ersten $\dfrac{p-3}{2}$ Bernoulli schen Zahlen, oder einmal in der Klassenzahl h des zugehörigen Kreisteilungskörpers aufgehen. Um auch für sie das Theorem zu bestätigen und wenn möglich die Kategorie der Primzahlexponenten, für die es jedenfalls gilt, zu erweitern, hat Kummer weiter den Fall untersucht, in welchem die Primzahl p in der Klassenzahl h als Faktor enthalten ist, und unter speziellerer Annahme über diese Primzahlen, zu denen die Annahme gehört, daß sie nur einmal in h aufgehe, hat er nachgewiesen[1], daß dann die Fermatsche Gleichung $x^p + y^p + z^p = 0$ in rationalen ganzen Zahlen nicht lösbar sei. Diese schwierige Untersuchung erfordert aber eine so breite und eingehende Grundlage von Eigenschaften des Kreisteilungskörpers und so umständliche Entwicklungen, daß es sich uns verbietet, sie hier wiederzugeben. Dagegen müssen wir derselben Untersuchung noch die notwendigen Bedingungen für die Lösbarkeit der Fermatschen Gleichung in rationalen ganzen Zahlen, welche durch p nicht teilbar sind, zu denen Kummer geführt worden ist,

das sogenannte Kummersche Kriterium

entnehmen.

Aus der Voraussetzung, daß die Gleichung (146) für solche Zahlen x, y, z, die zu je zweien teilerfremd vorausgesetzt werden dürfen, bestehe, folgerten wir den Bestand der Beziehungen (147)

$$(x + \alpha^k y) = \mathfrak{j}_k^{\,p} \cdot \mathfrak{b},$$

$$(k = 0, 1, 2, \cdots, p - 1)$$

---

[1] Abh. der Berliner Akad. d. Wissensch. 1857.

worin $\mathfrak{d}$ den größten gemeinsamen Idealteiler von x, y bezeichnete. Für den Fall, daß x, y rationale ganze Zahlen sind, wie wir jetzt annehmen, muß aber $\mathfrak{d} = 1$ gesetzt werden, da solche Zahlen keinen Idealteiler gemein haben können, ohne auch einen rationalen Zahlenteiler, die Norm von jenem, gemeinsam zu haben, was doch durch unsere Voraussetzungen ausgeschlossen ist. Also erhalten wir

$$x + \alpha^k y = \mathfrak{j}_k{}^p.$$

$$(k = 0, 1, 2, \cdots, p - 1)$$

Es bezeichne jetzt

$$\pi = \frac{p - 1}{2},$$

und g eine primitive Wurzel (mod. p), und

$$g_k \equiv g^k \quad (\text{mod. } p)$$

den kleinsten positiven Rest von g^k; wir schreiben ferner für $\mathfrak{j}_k$ genauer $\mathfrak{j}(\alpha^k)$, um die Abhängigkeit des Ideals von der speziellen Einheitswurzel α^k besser auszudrücken. Kummer hat gezeigt[1], daß das Produkt

$$\prod_i \mathfrak{j}\left(\alpha^{g^i}\right),$$

ausgedehnt über alle Werte des Index i aus der Reihe $0, 1, 2, \cdots (p - 2)$, für welche

(157)
$$g_{\pi - i} + g_{\pi - i + \text{ind.} r} > p$$

ist, unter r einen beliebigen Wert aus der Reihe $1, 2, \cdots p - 2$ und unter ind. r den auf die primitive Wurzel g bezüglichen Index (mod. p) verstanden, einem Hauptideale gleich ist, also eine wirkliche Zahl $f(\alpha)$ des Körpers $\mathfrak{K}(\alpha)$ bedeutet. Daraus erschließt man mit Kummer[2] die Gleichung

$$\prod_i (x + \alpha^{g^i} y) = \pm \, \alpha^m \cdot f(\alpha)^p,$$

das Produkt wieder über die vorbezeichneten Werte des Index i erstreckt.

---

[1] Journal f. Mathematik von Crelle Bd. 35, S. 364.
[2] Abh. d. Berl. Akad. d. Wissenschaften 1857.

39. Wegen der Irreduktibilität der Kreisteilungsgleichung ist eine solche Beziehung gleichbedeutend mit der folgenden:

$$\prod_i (x + u^{g^i} \cdot y) = \pm\, u^m \cdot f(u)^p + F(u) \cdot M(u),$$

wenn man mit $F(u)$ den Ausdruck

$$F(u) = u^{p-1} + u^{p-2} + \cdots + u + 1$$

und mit $M(u)$ eine ganze und ganzzahlige Funktion von u bezeichnet. Für $u = e^v$ erhält man also

$$\prod_i (x + e^{v\,g^i} y) = \pm\, e^{m\,v} \cdot f(e^v)^p + F(e^v) \cdot M(e^v),$$

und hieraus die Gleichung

$$(158) \quad \left\{ \begin{aligned} \sum_i \log (x + e^{v\,g^i} \cdot y) &= \log (\pm 1) + m v + p \log f(e^v) \\ &\quad + \log \left(1 \pm \frac{F(e^v)\, M(e^v)}{e^{m\,v} \cdot f(e^v)^p}\right). \end{aligned} \right.$$

Diese Gleichung wollen wir n mal nach v differenzieren, unter n eine ganze Zahl $< p - 1$ verstanden, und darauf $v = 0$ setzen, was wir andeuten, indem wir dem Differentialzeichen d den Index 0 anfügen. Bei der wiederholten Differenzierung des letzten Gliedes zur Rechten wird, wie leicht zu sehen, jeder Term mit $F(e^v)$ oder einem Differentialquotienten $\dfrac{d^i F(e^v)}{d v^i}$ von der Ordnung $i \lesseqgtr n$ als Faktor auftreten; da nun $F(1) = p$ und

$$\begin{aligned} \frac{d_0^i F(e^v)}{d v^i} &= (p-1)^i + (p-2)^i + \cdots + 2^i + 1^i \\ &\equiv 1 + g^i + g^{2i} + \cdots + g^{(p-2)i} \\ &\equiv \frac{g^{(p-1)i} - 1}{g^i - 1} \equiv 0 \quad (\text{mod. } p) \end{aligned}$$

ist, so erhält man offenbar durch die bezeichnete Operation aus der Gleichung (158) die Kongruenz

$$\sum_i \frac{d_0^n \log (x + e^{v\,g^i} y)}{d v^n} \equiv 0 \quad (\text{mod. } p),$$

der man leicht die Form gibt:

$$\frac{d_0^n \log(x + e^v y)}{d v^n} \cdot \sum_i g^{n i} \equiv 0 \quad (\text{mod. } p),$$

oder, wenn man $p - 2s$ statt n setzt, wo dann s eine der Zahlen 1, 2, 3, $\cdots \pi$ sein kann,

$$(159) \qquad \frac{d_0^{p - 2s} \log(x + e^v y)}{d v^n} \cdot \sum_i g^{(p - 2s) i} \equiv 0 \quad (\text{mod. } p).$$

Es kommt nun darauf an, die hier auftretende Summe (mod. p) **zu bestimmen.** Zu diesem Zwecke bemerken wir, daß der Ausdruck

$$\frac{1}{p}\left[g_{\pi - i} + g_{\pi - i + \text{ind. } r} - g_{\pi - i + \text{ind. } (r + 1)}\right]$$

gleich Eins oder Null ist, je nachdem i einer der oben bezeichneten Werte ist oder nicht ist; denn einerseits ist die Klammerngröße teilbar durch p, da sie kongruent ist mit

$$g^{\pi - i}\left(1 + r - (r + 1)\right) = 0,$$

andererseits ist sie kleiner als $2p$ und für die bezeichneten Werte von i positiv, für die übrigen kleiner als p, also muß sie für jene gleich p, für diese gleich 0 sein. Deshalb dürfen wir die Summe in (159) ersetzen durch die folgende:

$$\sum_{i=0}^{p-2} \frac{1}{p}\left[g_{\pi-i} + g_{\pi-i \text{ ind. } r} - g_{\pi-i + \text{ind. } (r+1)}\right] g^{(p-2s)i}$$

oder, was (mod. p) dasselbe sagt, durch diese andere:

$$\sum \frac{1}{p}\left[g_{\pi-i} + g_{\pi-i \text{ ind. } r} - g_{\pi-i + \text{ind. } (r+1)}\right] \cdot g^{p(p-2s)i}.$$

Bezeichnen wir zur Abkürzung die Summe mit S, so erhalten wir also (mod. p^2) nachstehende Kongruenz:

$$p \cdot S \equiv \sum_{i=0}^{p-2} g_{\pi-i} \cdot g^{p(p-2s)i} + \sum_{i=0}^{p-2} g_{\pi-i + \text{ind. } r} \cdot g^{p(p-2s)i}$$

$$+ \sum_{i=0}^{p-2} g_{\pi-i + \text{ind. } (r+1)} \cdot g^{p(p-2s)i}.$$

Wird nun der Wert der mittelsten dieser Summen bestimmt, so findet sich daraus der Wert der ersten, wenn 1 statt r, der dritten, wenn $r + 1$ statt r gesetzt wird. Die Glieder jener Summe aber bilden einen Zyklus derart, daß sie unverändert bleibt, wenn i um eine konstante ganze Zahl verändert wird; setzt man also $i + \pi + \mathrm{ind}.\,r$ statt i, so nimmt sie die Gestalt an:

$$\sum_{i=0}^{p-2} g_{-i} \cdot g^{p(p-2s)(i+\pi+\mathrm{ind}.\,r)},$$

in welcher $g^{p(p-2s)\pi} \equiv -1$, $g^{p(p-2s)\mathrm{ind}.\,r} \equiv r^{p(p-2s)}$ (mod. p^2) ist, und sie ist daher (mod. p^2) kongruent mit

$$- r^{p(p-2s)} \cdot \sum_{i=0}^{p-2} g_{-i} \cdot g^{p(p-2s)i}.$$

Nach der voraufgeschickten Bemerkung erhalten wir daher

$$p \cdot S \equiv - \left(1 + r^{p(p-2s)} - (r+1)^{p(p-2s)}\right) \cdot \sum_{i=0}^{p-2} g_{-i} \cdot g^{p(p-2s)i} .$$
$$(\text{mod. } p^2)$$

Setzt man $g_{-i} = k$, also $g^{-i} \equiv k$, $g^i \equiv k^{p-2}$ (mod. p), also $g^{pi} \equiv k^{p(p-2)}$ (mod. p^2), so wird die Summe (mod. p^2) kongruent mit

$$\sum_{k=1}^{p} k^{p(p-2)(p-2s)+1} \equiv \sum_{k=1}^{p} k^{p(2s-1)+1}.$$

Nun hat bekanntlich die Summe

$$S_n^{(m)} = 1^{2m} + 2^{2m} + 3^{2m} + \cdots + n^{2m}$$

den Wert

$$\frac{n^{2m+1}}{2m+1} + \frac{n^{2m}}{2} + \binom{2m}{1} \cdot \frac{B_1}{2} n^{2m-1} - \binom{2m}{3} \frac{B_2}{4} \cdot n^{2m-3} \cdots$$
$$+ (-1)^{m+1} \cdot B_m \cdot n;$$

versteht man also unter m den Wert $\dfrac{p(2s-1)+1}{2}$ und setzt $n = p$, so findet sich

$$\sum_{k=1}^{p} k^{p(2s-1)+1} \equiv (-1)^{m+1} \cdot B_m \cdot p \quad (\text{mod. } p^2),$$

und demzufolge

$$p \ S \equiv (-1)^m \left(1 + r^{p(p-2s)} - (r+1)^{p(p-2s)}\right) \cdot B_m \cdot p \quad (\text{mod. } p^2),$$

und nach Division mit p

$$S \equiv (-1)^m \left(1 + r^{(p-2s)} - (r+1)^{(p-2s)}\right) \cdot B_m \quad (\text{mod. } p).$$

Für die Bernoullischen Zahlen hat aber Kummer nachgewiesen[1], daß für alle Werte des Index n, welche keine Vielfachen von $\pi = \dfrac{p-1}{2}$ sind, die Kongruenz

$$\frac{B_n}{n} \equiv \frac{(-1)^{\sigma\pi} \cdot B_{n+\sigma\pi}}{n + \sigma\pi} \quad (\text{mod. } p)$$

stattfindet. Setzt man hierin $n = s$, $\sigma = 2s - 1$, so ergibt sich leicht die Beziehung

$$B_m \equiv (-1)^\pi \cdot \frac{B_s}{2s} \quad (\text{mod. } p),$$

und folglich

$$S \equiv (-1)^s \left(1 + r^{p-2s} - (r+1)^{p-2s}\right) \cdot \frac{B_s}{2s} \quad (\text{mod. } p).$$

Die Kongruenz (159) verwandelt sich hierdurch endlich in die folgende:

$$\frac{d_0^{p-2s} \log(x + e^v y)}{dv^{p-2}} \left(1 + r^{p-2s} - (r+1)^{p-2s}\right) \cdot \frac{B_s}{2s} \equiv 0 \quad (\text{mod. } p).$$

Man kann aber die Zahl r, wenn anders $p - 2s$ nicht gleich 1, also s nicht gleich π ist, in der Reihe $1, 2, \cdots p - 2$ so wählen, daß $1 + r^{p-2s} - (r+1)^{p-2s}$ durch p nicht teilbar wird; dies folgt für $s > 1$ aus dem Umstande, daß die Kongruenz

$$1 + r^{p-2s} - (r+1)^{p-2s} \equiv 0 \quad (\text{mod. } p)$$

nicht mehr Wurzeln haben kann, als ihr Grad $p - 2s$ beträgt; für $s = 1$ würde $r = 1$ der Absicht genügen, da

$$2 - 2^{p-2} \equiv 0 \quad (\text{mod. } p)$$

in Verbindung mit $2^{p-1} \equiv 1$ nur möglich, wenn $2^2 \equiv 1$ oder $3 \equiv 0$

---

[1] Journ. f. Math. von Crelle Bd. 41, S. 371.

(mod. p), also $p = 3$ ist, ein Fall, von welchem wir absehen dürfen. Bei solcher Wahl von r ergibt sich dann die Kongruenz

$$\frac{d_0^{p-2s} \log (x + e^v y)}{dv^{p-2s}} \cdot B_s \equiv 0 \quad (\text{mod. } p),$$

welche für jeden Wert s aus der Reihe $1, 2, 3, \cdots \pi - 1$ bewiesen ist.

Was so für die Zahlen x, y nachgewiesen ist, gilt offenbar, da x, y, z in der Gleichung (146) gleicherweise auftreten, in derselben Weise auch für jede andere Kombination von zweien dieser Zahlen also für die Systeme y, x; x, z; z, x; y, z; z, y. Und demnach gilt schließlich folgender Satz:

Damit die Gleichung (146) in rationalen, durch p nicht teilbaren und relativ primen Zahlen x, y, z auflösbar sei, ist notwendig, daß die $\pi - 1$ Kongruenzen

$$(160) \qquad \frac{d_0^{p-2s} \log (x + e^v y)}{dv^{p-2s}} \cdot B_s \equiv 0 \quad (\text{mod. } p)$$

$$(s = 1, 2, \cdots \pi - 1)$$

für jedes der sechs Systeme x, y; y, x; x, z; z, x; y, z; z, y befriedigt werden.

40. Man findet

$$\frac{d_0 \log (x + e^v y)}{dv} = \frac{y}{x + y},$$

$$\frac{d_0^2 \log (x + e^v y)}{dv^2} = \frac{xy}{(x + y)^2},$$

$$\frac{d_0^3 \log (x + e^v y)}{dv^3} = \frac{x^2 y - x y^2}{(x + y)^3},$$

und allgemein

$$\frac{d_0^i \log (x + e^v y)}{dv^i} = \frac{P_i(x, y)}{(x + y)^i},$$

wo $P_i(x, y)$ eine ganze homogene Funktion von x, y von der i^{ten} Dimension ist, welche für $i > 1$ durch xy teilbar ist, so daß, wenn man

$$P_i(x, y) = x^i \cdot P_i(1, t) \quad \text{oder kurz} \quad = x^i \cdot P_i(t)$$

schreibt, $P_i(t)$ die Form hat

$$P_i(t) = a_{i1} t + a_{i2} t^2 + \cdots + a_{i,\,i-1} t^{i-1}.$$

Zudem sieht man leicht, daß

$$P_i(y,\,x) = (-1)^i \cdot P_i(x,\,y),$$

also für ungerade Werte des Index i

$$P_i(y,\,y) = 0$$

ist, d. h. $P_i(t) = 0$ hat die Wurzel $t = 1$; also ist für ungerade i die Funktion $P_i(t)$ durch $t(1 - t)$ teilbar. Durch Rechnung findet man insbesondere:

$$P_3(t) = t - t^2,$$

$$P_5(t) = t - 11t^2 + 11t^3 - t^4,$$

$$P_7(t) = t - 57t^2 + 302t^3 - 302t^4 + 57t^5 - t^6,$$

$$P_9(t) = t - 247t^2 + 4293t^3 - 15619t^4 + 15619t^5 - 4293t^6 + 247t^7 - t^8.$$

Hiernach kann dem Kummerschen Kriterium auch folgender Ausdruck gegeben werden: hat die Gleichung (146) eine Auflösung in ganzen, durch p nicht teilbaren, relativ primen Zahlen x, y, z, so müssen die sechs Verhältnisse

$$t = \frac{x}{y},\quad \frac{y}{x},\quad \frac{x}{z},\quad \frac{z}{x},\quad \frac{y}{z},\quad \frac{z}{y}$$

den $\pi - 1$ Kongruenzen

$$(161) \qquad\qquad P_{p-2s}(t) \cdot B_s \equiv 0 \quad (\mathrm{mod.}\ p)$$

$$(s = 1,\, 2,\, 3 \cdots \pi - 1)$$

Genüge leisten. Man kann diesen Kongruenzen noch eine weitere hinzufügen, denn wir haben in Nr. 18 schon bewiesen, daß dieselben sechs Verhältnisse auch Lösungen der Kongruenz

$$(161\,\mathrm{a}) \qquad\qquad \frac{(t+1)^p - t^p - 1}{p} \equiv 0 \quad (\mathrm{mod.}\ p)$$

sein müssen; doch besagt diese Kongruenz nichts Neues, wird sich vielmehr als eine Folge aus den $\pi - 1$ Kongruenzen (161) ergeben.

Aus der Kongruenz

$$x + y + z \equiv 0 \quad (\text{mod. } p),$$

die zwischen den Lösungszahlen x, y, z der Gleichung (146) besteht, schließt man

$$\frac{z}{x} \equiv -1 - \frac{y}{x};$$

ist also τ eins der sechs Verhältnisse t, so ergeben sie sich alle sechs aus den Werten

$$(162) \qquad \tau, \quad \frac{1}{\tau}, \quad -1-\tau, \quad \frac{-1}{1+\tau}, \quad -1-\frac{1}{\tau}, \quad \frac{-\tau}{1+\tau},$$

und demnach müssen die Kongruenzen (161), wenn τ eine ihrer Lösungen ist, immer sogleich das ganze System (162) von Lösungen besitzen. Es wiederholen sich hier die gleichen Betrachtungen (mod. p), wie in Nr. 23 für den Modul $\pi = 2hp + 1$. Im allgemeinen werden die sechs Verhältnisse (162) inkongruent sein für (mod. p), und wir nennen dann das System ein vollständiges; da die Werte $\tau = 0$, -1 ausgeschlossen sind, weil ihnen ein System x, y, z entspräche, in dem eine der Größen durch p aufginge, so können unter den Größen (162) kongruente nur vorkommen, das System also ein unvollständiges nur sein, wenn entweder $\tau = 1$, das System also

$$1, \quad -2, \quad -\frac{1}{2}$$

wäre, oder, wenn $\tau^2 + \tau + 1 \equiv 0$ oder $(2\tau + 1)^2 \equiv -3$ (mod. p) ist, in welchem Falle das System (162) nur aus zwei inkongruenten Werten bestünde. Der erste dieser Fälle ist aber der Kongruenz (161a) zufolge nur möglich für Primzahlen p, für welche die Kongruenz

$$(163) \qquad 2^\mu - 2 \equiv 0 \quad (\text{mod. } p^2)$$

erfüllt ist; der zweite Fall nur für Primzahlen p von der Form $6k + 1$.

Auf dieser Grundlage hat nun Mirimanoff aus dem Kummerschen Kriterium weitgehende Folgerungen gezogen[1] in betreff von

---

[1] Journ. f. Mathem. 128, S. 45.

Primzahlexponenten p, für welche die Gleichung (146) nicht möglich ist, ähnlich denjenigen von **Dickson**, und hat dann weiter durch eingehendere Untersuchung der Eigenschaften der Funktionen $P_i(t)$ dem **Kummer**schen Kriterium eine andere Gestalt gegeben, aus welcher die **Bernoulli**schen Zahlen vollständig verschwunden sind.

41. Nehmen wir zu diesem Zwecke zunächst an, von den vier **Bernoulli**schen Zahlen

$$B_{\pi-1}, \quad B_{\pi-2}, \quad B_{\pi-3}, \quad B_{\pi-4}$$

sei eine durch p nicht teilbar, dann müßte wenigstens eine der Kongruenzen

$$P_3(t) \equiv 0. \quad P_5(t) \equiv 0, \quad P_7(t) \equiv 0, \quad P_9(t) \equiv 0 \quad (\text{mod. } p)$$

für alle sechs Werte (162) erfüllt sein. Wir zeigen zunächst, daß dies für ein vollständiges System nicht möglich ist. In der Tat, da für die Glieder eines solchen der Faktor $t(1-t)$, welchen jene Funktionen haben, nicht verschwinden kann, müßten sie auch der gedachten Kongruenz nach Absonderung jenes Faktors genügen, wodurch ihr Grad auf 0, 2, 4, 6 bzw. erniedrigt würde; demnach könnte das System der sechs Werte (162) nur der Kongruenz

$$\frac{P_9(t)}{t(1-t)} = 1 - 246\,t + 4047\,t^2 - 11572\,t^3 + 4047\,t^4 - 246\,t^5 + t^6 \equiv 0$$

$$(\text{mod. } p)$$

Genüge leisten, deren linke Seite daher der Funktion

$$1 + 3t + bt^2 + (2b-5)t^3 + bt^4 + 3t^5 + t^6$$

(s. Nr. 23) (mod. p) gleich sein müßte, welche jene sechs Werte zu Wurzeln hat. Hiernach müßte

$$-246 \equiv 3 \quad (\text{mod. } p)$$

sein, was wegen $249 = 3 \cdot 83$ nur für $p = 3$ oder $p = 83$ der Fall sein kann; da der Fall $p = 3$ bereits als erledigt gelten kann, so bleibt nur $p = 83$, dann müßte aber

$$b \equiv 4047, \quad -11572 = 2 \cdot 4047 - 5 \quad (\text{mod. } 83)$$

sein, was nicht der Fall ist.

Wäre ferner das System (162) die unvollständige Gruppe der Wurzeln von $\tau^2 + \tau + 1 \equiv 0$ (mod. p), deren Glieder nicht unter den Wurzeln des Faktors $t(1 - t)$ vorkommen, so müßten diese Wurzeln einer der Kongruenzen

$$(164) \qquad \frac{P_5(t)}{t(1 - t)} \equiv 0, \qquad \frac{P_7(t)}{t(1 - t)} \equiv 0, \qquad \frac{P_9(t)}{t(1 - t)} \equiv 0 \quad \text{(mod. } p\text{)}$$

Genüge leisten; entweder müßte also

$$\frac{P_5(t)}{t(1 - t)} \equiv 1 - 10\,t + t^2$$

(mod. p) mit $t^2 + t + 1$ gleich, also $- 10 \equiv 1$ (mod. p), d. h. $p = 11$ sein, was ausgeschlossen ist, da in diesem Falle p von der Form $6k + 1$ sein müßte; oder aber der Rest der Division von

$$\frac{P_7(t)}{t(1 - t)} = 1 - 56\,t + 246\,t^2 - 56\,t^3 + t^4$$

mit $t^2 + t + 1$ (mod. p), d. h. $- 301(1 + t)$, und daher $301 = 7 \cdot 43$ müßte durch p aufgehen, was nur für $p = 7$ oder $p = 43$ möglich ist, Primzahlexponenten, welche wir durch den Kummerschen Satz schon abgetan betrachten dürfen; oder endlich müßte der Rest der Division von $\dfrac{P_9(t)}{t(1 - t)}$ mit $t^2 + t + 1$ (mod. p), d. i. die Zahl $- 15371 = - 19 \cdot 809$ durch p teilbar, also $p = 19$ oder $p = 809$ sein; die erste Zahl kann als erledigt gelten, die zweite ist unzulässig, da sie nicht von der Form $6k + 1$ ist.

Wenn dagegen endlich das System (162) die unvollständige Gruppe $1, - 2, - \frac{1}{2}$ wäre, so müßte $- 2$ eine Wurzel einer der Kongruenzen (164) sein, was

$$\frac{P_5(t)}{t(1 - t)} \equiv 25, \qquad \frac{P_7(t)}{t(1 - t)} \equiv 7 \cdot 223, \qquad \frac{P_9(t)}{t(1 - t)} \equiv 5 \cdot 36389$$

erforderte; da 5, 7 schon abgetan sind, können nur die Primzahlen $p = 223$ und $p = 36389$ in Frage kommen, welche jedoch auszuschließen sind, da die Rechnung erweist, daß sie die für diese Gruppe erforderliche Kongruenz (163) nicht befriedigen.

Somit ist also folgender, von **Mirimanoff** gegebener Satz bewiesen: Die Gleichung (146) ist in der vorausgesetzten Weise unlösbar, wenn eine der vier Bernoullischen Zahlen $B_{\pi-1}$, $B_{\pi-2}$, $B_{\pi-3}$, $B_{\pi-4}$ durch p nicht teilbar ist, oder, wie man auch sagen kann, wenn in der Reihe der Zahlen B_1, $B_2 \cdots B_{\pi-1}$ höchstens drei durch p aufgehen.

Maillet hatte schon die Unmöglichkeit der Gleichung (146) in der bezeichneten Weise für alle Primzahlen bis $p = 223$ bewiesen[1]. Aus dem erhaltenen Satze folgt aber, daß diese Grenze bis auf $p = 257$ erhöht werden kann. Für $p = 227, 229$ ist die Bernoullische Zahl $B_{\pi-1}$ durch p nicht teilbar, der Satz also zutreffend; und für die anderen Primzahlen unter jener Grenze:

$$233, \text{ für welche } 467 = 2 \cdot 233 + 1.$$
$$239, \text{ „ } \text{ „ } 479 = 2 \cdot 239 + 1,$$
$$241, \text{ „ } \text{ „ } 2411 = 10 \cdot 241 + 1,$$
$$251, \text{ „ } \text{ „ } 503 = 2 \cdot 251 + 1$$

Primzahlen sind, folgt die Unmöglichkeit der Gleichung (146) schon nach dem Satze von **Legendre** (**Sophie Germain**) in Nr. 22.

In obigem Satze ist derjenige mit einbegriffen, welchen **Kummer** selbst schon aus seinem Kriterium gefolgert hat, nämlich der Satz: daß die Gleichung (146) in dem angegebenen Sinne zu lösen unmöglich sei für jeden Primzahlexponenten p, bei dem nur eine der Bernoullischen Zahlen B_1, $B_2, \cdots B_{\pi-1}$ durch p teilbar ist. Sei diese Zahl B_ν. Ist dann ν verschieden von $\pi - 1$, so folgt aus den Kongruenzen (161) für $s = \pi - 1$ die Kongruenz

$$P_3(x, y) \quad \text{d. i.} \quad xy(x - y) \equiv 0 \quad (\text{mod. } p),$$

d. h. $x \equiv y \pmod{p}$; wegen der Symmetrie der Gleichung (146) in bezug auf x, y, z aber müßte ebenso auch $x \equiv z$ und $y \equiv z$ (mod. p), mithin wegen $x + y + z \equiv 0$ auch $3x \equiv 3y \equiv 3z \equiv 0$, d. h. $p = 3$ sein. Ist also $p > 3$, so muß notwendig $\nu = \pi - 1$ sein; dann folgt aber aus den Kongruenzen (161) für $s = \pi - 2$

$$P_5(x, y) \quad \text{d. i.} \quad xy(x - y)(x^2 - 10xy + y^2) \equiv 0,$$

[1] Association française pour l'avancement des sciences, St.-Etienne 1897, 2. partie, p. 156.

desgleichen

$$P_5(x, z) \quad \text{d. i.} \quad xz(x - z)(x^2 - 10\,xz + z^2) \equiv 0.$$

Die Annahme $x \equiv y$ nun führte zur Kongruenz $z \equiv -2x$ und gäbe

$$0 \equiv -2 \cdot 3 \cdot 25 \cdot x^5 \quad (\mathrm{mod}.\,p),$$

was unmöglich ist für $p > 5$; alsdann muß also

$$\left.\begin{aligned} x^2 - 10\,xy + y^2 &\equiv 0 \\[2em] x^2 - 10\,xz + z^2 &\equiv 0 \end{aligned}\right\} \quad (\mathrm{mod}\ p)$$

und aus gleichen Gründen

sein, woraus man durch Subtraktion und mit Beachtung von $x + y + z \equiv 0$ die Kongruenz ableitet

$$(y - z) \cdot 11x \equiv 0 \quad (\mathrm{mod}.\,p),$$

eine Kongruenz, welche, da $y \equiv z$ aus den vorigen Gründen auszuschließen ist, gleich wie $x \equiv y$, $p = 11$ ergibt. Aus alle diesem erhellt schließlich, daß die Gleichung (146) in der angegebenen Weise unlösbar ist, sobald $p > 11$; und da für die kleineren Primzahlen p keine der Zahlen $B_1, B_2, \cdots B_{\pi-1}$ durch p aufgeht, sie also bei der Voraussetzung des Satzes nicht in Betracht kommen, so gilt der Kummersche Satz allgemein.

42. Für die Funktion $P_i(t)$ fanden wir bereits die allgemeine Form

$$P_i(t) = a_{i1} \cdot t + a_{i2} \cdot t^2 + \cdots + a_{i,\,i-1} \cdot t^{i-1},$$

und zwar müssen die Koeffizienten, da $P_i(t)$ mit einer Wurzel t auch die Wurzel $\dfrac{1}{t}$ besitzt, die Bedingung

$$a_{i,\,k} = a_{i,\,i-k}$$

erfüllen. Eine eingehendere Untersuchung stellt für sie den allgemeinen Ausdruck

$$a_{i,\,k} = k^{i-1} - \binom{i}{1}(k-1)^{i-1} + \binom{i}{2}(k-2)^{i-1} + \cdots + (-1)^{k-1} \cdot \binom{i}{k-1}$$

fest. Mit Beachtung dieser Formel beweist man durch das allgemeine Induktionsverfahren das Bestehen folgender Kongruenz:

$$(1 + t)^{p-i} \cdot P_i(t)$$
$$\equiv t - 2^{i-1} t^2 + 3^{i-1} t^3 \cdots + (-1)^{(p-2)}(p-1)^{i-1} t^{p-1} \quad (\text{mod. } p).$$
$$(i = 2, 3, \cdots p-1)$$

Setzt man nun für jeden Wert des Index i

$$\varphi_i(t) = t - 2^{i-1} t^2 + 3^{i-1} t^3 - \cdots + (-1)^{p-2}(p-1)^{i-1} t^{p-1},$$

so bilden diese Funktionen (mod. p) einen Zyklus von $p-1$ Funktionen

$$\varphi_1(t), \quad \varphi_2(t), \cdots \varphi_{p-1}(t),$$

indem allgemein

$$\varphi_i(t) \equiv \varphi_k(t) \ (\text{mod. } p) \text{ ist, wenn } i \equiv k \ (\text{mod. } p-1) \text{ ist.}$$

Insbesondere ist

$$\varphi_1(t) \equiv \varphi_p(t) \equiv t - t^2 + t^3 \cdots - t^{p-1} \equiv \frac{t(1 - t^{p-1})}{1 + t}$$

und

$$(165) \quad \begin{cases} \varphi_{p-1}(t) \equiv t - \dfrac{1}{2} t^2 + \dfrac{1}{3} t^3 \cdots - \dfrac{1}{p-1} \cdot t^{p-1} \\[2mm] \equiv t + \dfrac{p-1}{1 \cdot 2} t^2 + \dfrac{(p-1)(p-2)}{1 \cdot 2 \cdot 3} t^3 + \cdots \\[2mm] + \dfrac{(p-1)(p-2)\cdots 3 \cdot 2}{1 \cdot 2 \cdot 3 \cdots (p-1)} \cdot t^{p-1} \equiv \dfrac{(t+1)^p - t^p - 1}{p} \\[2mm] (\text{mod. } p). \end{cases}$$

Aus der letzteren Beziehung findet man noch

$$(165\,\text{a}) \qquad \varphi_{p-1}(t) \equiv \varphi_{p-1}(-1 - t) \quad (\text{mod. } p).$$

Man beachte noch die Kongruenzen

$$(166) \quad \begin{cases} \varphi_p(-1) \equiv -(p-1) \equiv 1 \\ \varphi_i(-1) \equiv -(1^{i-1} + 2^{i-1} + 3^{i-1} + \cdots + (p-1)^{i-1}) \equiv 0 \end{cases} \bigg\} \ (\text{mod. } p).$$

Führt man nun neben den Funktionen $\varphi_i(t)$ noch Funktionen $\psi_i(t)$ durch die Formel

$$\psi_i(t) \equiv \varphi_i(-1 - t)$$

ein, so ergibt sich leicht die Beziehung

$$\psi_{i+1}(t) \equiv (1+t) \cdot \frac{d\,\varphi_i(t)}{d\,t},$$

aus welcher durch Integration und mit Beachtung der Kongruenzen (166) die Kongruenzen

$$\psi_1(t) \equiv \int_0^t \frac{\psi_2(t)}{1+t}\,d\,t + 1,$$

$$\psi_i(t) \equiv \int_0^t \frac{\psi_{i+1}(t)}{(1+t)}\,d\,t$$

$$(i = 2,\, 3,\, \cdots\, p-1)$$

hervorgehen. Da nach (165) und (165a)

$$\varphi_{p-1}(t) \equiv \varphi_{p-1}(-1-t) \equiv \psi_{p-1}(t)$$

mit der Entwicklung von $\log(1+t)$ nach dem Modul p übereinstimmt, wenn man diese Entwicklung bei der Potenz t^{p-1} abbricht, so finden sich nach den eben genannten Integralausdrücken die Funktionen

$$\psi_{p-2}(t), \quad \psi_{p-3}(t), \,\cdots\, \text{allgemein}\,\, \psi_{p-i}(t)$$

in gleichem Sinne (mod. p) gleich

$$\frac{1}{1 \cdot 2} \log^2(1+t), \quad \frac{1}{1 \cdot 2 \cdot 3} \log^3(1+t), \cdots$$

$$\text{allgemein} \quad \frac{1}{1 \cdot 2 \cdots i} \log^i(1+t),$$

eine Bemerkung, auf die wir später zurückzugreifen haben werden.

Von den mancherlei Beziehungen zwischen den Funktionen $\varphi_i(t)$ und $\psi_i(t)$, die nach Mirimanoff bestehen, führen wir nur noch ohne weiteren Beweis die folgende hier an, von der wir bald Gebrauch machen wollen:

$$(167) \qquad \frac{1}{2} \cdot \varphi_{p-1}^2(t) \equiv \varphi_{p-2}(t) + (1+t)^{2p} \cdot \varphi_{p-2}\left(\frac{-t}{1+t}\right).$$

Nun bezeichnen wir mit dem Zeichen

$$A_t\, f(t)$$

diejenige Operation, welche darin besteht, die Funktion $f(t)$ zu differenzieren und hernach mit t zu multiplizieren, also

$$A_t\, f(t) = t \cdot \frac{d\,f(t)}{d\,t},$$

und bezeichnen mit $A_t^{(n)}$ die n-malige Wiederholung dieser Operation. Aus dem Ausdrucke von $\varphi_i(t)$ geht dann unmittelbar hervor, daß

$$(168)\qquad A_t\, \varphi_i(t) \equiv \varphi_{i+1}(t)\quad (\mathrm{mod.}\ p)$$

ist. Nach Cauchy[1] gilt für diese Operation die allgemeine Formel

$$A_t^{(n)} f_1 f_2 = A_t^{(n)} f_1 \cdot f_2 + \binom{n}{1}\cdot A_t^{(n-1)} f_1 \cdot A_t f_2 + \cdots$$

$$+ \binom{n}{1} A_t\, f_1 \cdot A_t^{(n-1)} f_2 + f_1 \cdot A_t^{(n)} f_2,$$

worin f_1, f_2 zwei Funktionen von t bedeuten. Mit Beachtung von (168) ergibt sich also für die Funktionen $\varphi_i(t)$ insbesondere die Beziehung:

$$(169)\quad \left\{ \begin{aligned} A_t^{(n)}\, \varphi_i(t)\, \varphi_k(t) &\equiv \varphi_{i+n}\cdot\varphi_k + \binom{n}{1}\cdot\varphi_{i+n-1}\cdot\varphi_{k+1} + \cdots \\ &\quad + \binom{n}{1}\cdot\varphi_{i+1}\cdot\varphi_{k+n-1} + \varphi_i\cdot\varphi_{k+n}\quad (\mathrm{mod.}\ p). \end{aligned}\right.$$

43. Nach diesen Vorbereitungen kehren wir nun zu dem Kummerschen Kriterium wieder zurück. Ersetzen wir darin die Funktionen $P_i(t)$ jetzt durch die anderen Funktionen $\varphi_i(t)$, so lauten die Kongruenzbedingungen (161) desselben:

$$\varphi_{p-2s}(t)\cdot B_s \equiv 0\quad (\mathrm{mod.}\ p)$$

oder:

$$(170)\qquad \varphi_i(t)\cdot B_{\frac{p-i}{2}} \equiv 0\quad (\mathrm{mod.}\ p),$$

$$(i = 3,\ 5,\ 7,\ \cdots,\ p - 2)$$

---

[1] Comptes Rendus de l'Acad. de Paris 1847, 2. sém. p. 133.

wozu, wie bemerkt, wir noch die Kongruenz (161a), d. h. wegen (165) die Kongruenz

$$(170\,\mathrm{a}) \qquad\qquad \varphi_{p-1}(t) \equiv 0 \quad (\mathrm{mod.}\ p)$$

hinzufügen können. Indessen ist diese Bedingung, wie jetzt gezeigt werden soll, eine Folge der andern. Ist nämlich $t = \tau$ eins der Verhältnisse, welche den Bedingungen (170) genügen müssen, so war auch $t = \dfrac{-\tau}{1+\tau}$ eine ihnen genügende Zahl, und man erhält insbesondere für $i = p - 2$ die Kongruenzen

$$\varphi_{p-2}(\tau) \cdot B_1 \equiv 0, \quad \varphi_{p-2}\left(\frac{-\tau}{1+\tau}\right) \cdot B_1 \equiv 0 \quad (\mathrm{mod.}\ p),$$

wo B_1 durch p nicht aufgeht; also ergibt sich nach der Hilfsformel (167) auch

$$\varphi_{p-1}(\tau) \equiv 0 \quad (\mathrm{mod.}\ p);$$

die Verhältnisse (162), welche den Kongruenzbedingungen (170) genügen sollen, müssen es deshalb gleichfalls der Bedingung (170a).

Nunmehr formen wir die Kummerschen Kongruenzen (170) in der bereits angedeuteten Weise nach Mirimanoff um. Man beachte die Identität:

$$(1 + t) \cdot \left[t - (1^i + 2^i) t^2 + (1^i + 2^i + 3^i) t^3 - \cdots\right.$$
$$\left. - (1^i + 2^i + \cdots + (p-1)^i)\, t^{p-1} \right] = \varphi_{i+1}(t)$$

oder

$$t - (1^i + 2^i) t^2 + (1^i + 2^i + 3^i) t^3 - \cdots$$
$$- (1^i + 2^i + \cdots + (p-1)^i)\, t^{p-1} = \frac{\varphi_{i+1}(t)}{1+t},$$

aus welcher durch wiederholte Ausführung der Operation A_t sich die Gleichung ergibt:

$$A_t{}^{p-2-i}\, \frac{\varphi_{i+1}(t)}{1+t}$$

$$= t - 2^{p-2-i} \cdot (1^i + 2^i) t^2 + 3^{p-2-i} \cdot (1^i + 2^i + 3^i) t^3 - \cdots$$
$$- (p-1)^{p-2-i} \cdot (1^i + 2^i + \cdots + (p-1)^i)\, t^{p-1},$$

d. h., wenn man für die Summe der i^{ten} Potenzen der ersten n Zahlen das übliche Zeichen $S_n^{(i)}$ einführt,

$$A_t^{p-2-i}\frac{\varphi_{i+1}(t)}{1+t} = \sum_{n=1}^{p-1}(-1)^{n-1}\cdot n^{p-2-i}\cdot S_n^{(i)}\cdot t^n.$$

Nach bekannter Formel aber ist

$$S_n^{(i)} = \frac{n^{i+1}}{i+1} + \frac{n^i}{2} + \binom{i}{1}\frac{B_1}{2}n^{i-1} - \binom{i}{3}\frac{B_2}{4}n^{i-3} + \cdots$$

Demzufolge nimmt die vorige Gleichung als Kongruenz (mod. p) die Gestalt an:

$$A_t^{p-2-i}\frac{\varphi_{i+1}(t)}{1+t}$$

$$\equiv \frac{1}{1+i}\,\varphi_1(t) - \tfrac{1}{2}\varphi_{p-1}(t) + \binom{i}{1}\frac{B_1}{2}\varphi_{p-2}(t) - \binom{i}{3}\frac{B_2}{4}\varphi_{p-4}(t) + \cdots,$$

und es ist also für die Werte von t, welche den Kummerschen Kongruenzbedingungen genügen müssen, auch

$$A_t^{p-2-i}\frac{\varphi_{i+1}(t)}{1+t} \equiv 0 \quad (\text{mod. } p).$$

Nun ist

$$(1+t)^p \equiv 1 + t^p, \quad \text{also} \quad A_t(1+t)^p \equiv 0 \quad (\text{mod. } p);$$

fügt man daher der Funktion $\dfrac{\varphi_{i+1}(t)}{1+t}$ den Faktor $(1+t)^p$ an, so treten bei Ausführung der Operation A_t offenbar nur Glieder hinzu, welche in p multipliziert sind, also (mod. p) unterdrückt werden können; demnach ist für solche Werte von t auch

$$A_t^{p-2-i}\frac{\varphi_{i+1}(t)}{1+t}\cdot(1+t)^p = A_t^{p-2-i}\varphi_{i+1}(t)\cdot(1+t)^{p-1} \equiv 0 \quad (\text{mod. } p).$$

Mit Beachtung der Kongruenz

$$(1+t)^{p-1} \equiv 1 - \varphi_1(t)$$

läßt diese Kongruenz sich auch schreiben wie folgt:

$$A_t^{p-2-i}\varphi_{i+1}(t) \equiv A_t^{p-2-i}\varphi_{i+1}(t)\varphi_1(t),$$

und mit Rücksicht auf die Formeln (168), (169) erhält man sie schließlich in der Form:

$$\varphi_{p-1}(t) \equiv \varphi_{p-1}(t)\,\varphi_1(t) + \binom{p-2-i}{1} \cdot \varphi_{p-2}(t)\,\varphi_2(t) + \cdots$$

$$+ \binom{p-2-i}{1} \cdot \varphi_{i+2}(t)\,\varphi_{p-2-i}(t) + \varphi_{i+1}(t)\,\varphi_{p-1-i}(t) \quad (\text{mod. } p),$$

eine Kongruenz, welche für alle Werte von t, die den Bedingungen (170) genügen, erfüllt sein muß. Der Kongruenz (170a) zufolge finden sich hieraus, wenn man sukzessive $i = p-2,\ p-3,\ \cdots$ setzt, die Kongruenzen

$$\varphi_{p-2}(t) \cdot \varphi_2(t) \equiv 0,$$

$$\varphi_{p-3}(t) \cdot \varphi_3(t) \equiv 0$$

$$\cdot \quad \cdot \quad \cdot \quad \cdot \quad \cdot \quad \cdot \quad \cdot$$

allgemein

(171)
$$\varphi_{p-i}(t) \cdot \varphi_i(t) \equiv 0,$$

$$(i = 2,\ 3,\ \cdots\ \pi)$$

zugleich auch

(172)
$$\varphi_{p-1}(t) \equiv 0.$$

Diesen müssen also die sechs Verhältnisse (162) Genüge leisten, und sie treten daher an Stelle des Kummerschen Kriteriums, von welchem sie sich vorteilhaft unterscheiden dadurch, daß sie die Bernoullischen Zahlen nicht mehr enthalten.

44. Ausgehend von diesen Mirimanoffschen Ergebnissen ist nun die Entwicklung des Fermatproblems in eine neue Phase eingetreten durch eine bedeutsame Folgerung, welche Wieferich[1] aus dem Kummerschen Kriterium in Gestalt der Kongruenzen (170) gezogen hat.

Es ist identisch

$$t\,e^v - t^p \cdot e^{pv} = (1 + t\,e^v) \cdot \sum_{i=1}^{p-1} (-1)^{i-1}\, t^i\, e^{iv}.$$

---

[1] Journal f. Mathem. 136, S. 293.

Wird diese Gleichung k mal nach v differenziert und hierauf $v = 0$ gesetzt, so erhält man, wenn kurz φ_i statt $\varphi_i(t)$ geschrieben wird

$$1 - t^p \cdot p^k = (1 + t)\varphi_{k+1} + \binom{k}{1} t\,\varphi_k + \binom{k}{2} t\,\varphi_{k-1} + \cdots + \binom{k}{k} t\,\varphi_1,$$

und hieraus, wenn $\dfrac{1 + t}{t} = \vartheta$ gesetzt wird, folgendes System linearer Gleichungen:

$$\vartheta\,\varphi_{k+1} + \binom{k}{1}\varphi_k + \binom{k}{2}\varphi_{k-1} + \cdots$$
$$+ \binom{k}{k-1}\varphi_2 + \binom{k}{k}\varphi_1 = 1 - t^{p-1} \cdot p^k,$$

$$\vartheta\,\varphi_k + \binom{k-1}{1}\varphi_{k-1} + \cdots$$
$$+ \binom{k-1}{k-2}\varphi_2 + \binom{k-1}{k-1}\varphi_1 = 1 - t^{p-1} \cdot p^{k-1},$$

$$\cdot \quad \cdot \quad \cdot \quad \cdot \quad \cdot \quad \cdot \quad \cdot \quad \cdot \quad \cdot \quad \cdot \quad \cdot \quad \cdot \quad \cdot$$

$$\vartheta\,\varphi_3 + \binom{2}{1}\varphi_2 + \binom{2}{2}\varphi_1 = 1 - t^{p-1} \cdot p^2,$$

$$\vartheta\,\varphi_2 + \binom{1}{1}\varphi_1 = 1 - t^{p-1} \cdot p,$$

$$\vartheta\,\varphi_1 = 1 - t^{p-1}.$$

Aus ihm bestimmt sich φ_{k+1} durch einen Ausdruck

$$\varphi_{k+1} = \frac{\varDelta_{k+1}}{\vartheta^{k+1}}.$$

Durch eine ziemlich umständliche Umformung der mit $\varDelta_{k+1}$ bezeichneten Determinante und mit mancherlei Rechnung findet Wieferich unter der Voraussetzung, daß t eine ganze, weder 0 noch -1 (mod. p) kongruente Zahl ist, diese Kongruenz:

$$(173) \quad \left\{ \begin{aligned} &-\vartheta\,\varphi_{2k} \equiv -2\,\mathfrak{B}_{2k} + \binom{2k-1}{1} \vartheta\,S_{2k-1} \cdot \varphi_2 \\ &\qquad\qquad + \binom{2k-1}{2}(2 - \vartheta)\mathfrak{B}_{2k-2} \cdot \varphi_3 + \cdots \\ &\quad + \binom{2k-1}{2k-3} \vartheta\,S_3 \cdot \varphi_{2k-2} + \binom{2k-1}{2k-2}(2 - \vartheta)\mathfrak{B}_2 \cdot \varphi_{2k-1} \\ &\qquad\qquad\qquad\qquad (\text{mod. } p), \end{aligned} \right.$$

in welcher S_i, $\mathfrak{B}_i$ nachstehende Bedeutung haben:

$$(174) \quad \begin{cases} S_i = 1^{i-1} + 2^{i-1} + \cdots + (p-1)^{i-1} + p^{i-1}, \\ \mathfrak{B}_i = 1^{i-1} - 2^{i-1} + \cdots - (p-1)^{i-1} + p^{i-1}. \end{cases}$$

Nun ist (s. (166))

$$S_i \equiv 0 \quad (\text{mod. } p),$$

und nach einer allgemeinen Formel, welche **Euler** gegeben hat[1], ist

$$(175) \quad \begin{cases} 1^{2h+1} - 2^{2h+1} + 3^{2h+1} - \cdots (-1)^{n+1} \cdot n^{2h+1} \\[4pt] = (-1)^{n+1} \cdot \left[\tfrac{1}{2} n^{2h+1} + \binom{2h+1}{1} \frac{2^2-1}{2} B_1 n^{2h} \right. \\[6pt] \qquad\qquad\qquad - \binom{2h+1}{3} \frac{2^4-1}{4} B_2 n^{2h-2} \cdots \\[6pt] \left. + (-1)^{h-1} \binom{2h+1}{2h-1} \frac{2^{2h}-1}{2h} B_h n^2 + (-1)^h \frac{2^{2h+2}-1}{2h+2} B_{h+1} \right] \\[8pt] + (-1)^h \frac{2^{2h+2}-1}{2h+2} \cdot B_{h+1}. \end{cases}$$

Aus ihr ergibt sich die Kongruenz

$$\mathfrak{B}_{2i} \equiv (-1)^{i-1} \cdot B_i \cdot \frac{2^{2i}-1}{i} \quad (\text{mod. } p),$$

und danach liefert die Beziehung (173), wenn $2k = p-1$ gesetzt wird, die folgende:

$$(176) \quad \begin{cases} -\vartheta \cdot \varphi_{p-1} = -2\mathfrak{B}_{p-1} + (2-\vartheta)\left[\binom{p-2}{p-3} B_1 \frac{2^2-1}{1} \varphi_{p-2} \right. \\[8pt] \qquad\qquad - \binom{p-2}{p-5} B_2 \frac{2^4-1}{2} \varphi_{p-4} + \cdots \\[8pt] \left. + (-1)^{\pi-2} \binom{p-2}{2} B_{\pi-1} \cdot \frac{2^{p-3}-1}{\frac{p-3}{2}} \cdot \varphi_3 \right] \\[8pt] \qquad\qquad\qquad\qquad (\text{mod. } p). \end{cases}$$

---

[1] **Vgl Saalschütz, Vorles. über die Bernoullischen Zahlen, S. 53.**

Bezeichnet also t eins der sechs Verhältnisse (162), welche einer Lösung der Fermatschen Gleichung entsprechen, so geht den Bedingungen (170) zufolge die Kongruenz

$$\mathfrak{B}_{p-1} \equiv 0 \quad (\text{mod. } p)$$

oder nach (65)

$$1 - \tfrac{1}{2} + \tfrac{1}{3} \cdots + \frac{1}{p-1} \equiv \frac{2^p - 2}{p} \equiv 0 \quad (\text{mod. } p)$$

hervor. Man hat also den Satz (das Wieferichsche Kriterium):

Damit die Gleichung

$$x^p + y^p + z^p = 0$$

in ganzen, durch p nicht teilbaren Zahlen möglich sei, muß der Primzahlexponent p die notwendige Bedingung

$$(177) \qquad \frac{2^p - 2}{p} \equiv 0 \quad (\text{mod. } p)$$

erfüllen.

Die Grundlage dieses Satzes, die nur mühsam erhaltene Formel (173), läßt sich aber, wie Mirimanoff gefunden hat[1], viel einfacher herleiten aus der in (175) gegebenen Eulerschen Formel. In der Tat, setzt man in ihr $2h + 1 = p - 2$, bildet sie alsdann für die Werte $n = 1, 2, 3, \cdots p - 1$, und addiert die entstehenden Gleichungen, nachdem man sie bzw. mit $t, t^2, t^3, \cdots t^{p-1}$ multipliziert hat, so geht nachstehende Gleichung hervor:

$$1^{p-1} \cdot t + (1^{p-2} - 2^{p-2}) t^2 + \cdots$$
$$+ \left(1^{p-2} - 2^{p-2} + \cdots - (p-1)^{p-2}\right) t^{p-1}$$
$$= \tfrac{1}{2} \varphi_{p-1} + \binom{p-2}{1} \frac{2^2 - 1}{2} B_1 \varphi_{p-2} - \binom{p-2}{3} \frac{2^4 - 1}{4} B_2 \varphi_{p-1}$$
$$+ \cdots + (-1)^{\pi-2} \binom{p-2}{p-4} \frac{2^{p-3} - 1}{p-3} B_{\pi-1} \varphi_3$$
$$+ (-1)^{\pi-1} \frac{2^{p-1} - 1}{p-1} B_{\pi} \cdot 2 (t + t^3 + \cdots + t^{p-2}).$$

---

[1] L'enseignement mathématique, année XI, 1909, p. 455.

Wird sie mit $t-1$ multipliziert, so verwandelt sich die linke Seite in

$$- \varphi_{p-1} + \left(1^{p-2} - 2^{p-2} + \cdots - (p-1)^{p-2}\right) t^p$$

und die ganze Gleichung in die folgende:

$$\left(1^{p-2} - 2^{p-2} + \cdots - (p-1)^{p-2}\right) t^p - \tfrac{1}{2}(t+1)\varphi_{p-1}$$

$$= (t-1)\left[\binom{p-2}{1}\frac{2^2-1}{2} B_1\, \varphi_{p-2} - \binom{p-2}{3}\frac{2^4-1}{4} B_2\, \varphi_{p-4} + \cdots \right.$$

$$\left. + (-1)^{\pi-2}\binom{p-2}{p-4}\frac{2^{p-3}-1}{p-3} B_{\pi-1}\cdot \varphi_3\right]$$

$$+ (-1)^{\pi-1}\cdot\frac{2^p-2}{p-1} B_\pi \cdot \frac{t^p-t}{t+1}.$$

Diese identische Beziehung gibt aber, wenn t eine ganze, der Null (mod. p) nicht kongruente Zahl bedeutet, eine Kongruenz, welche sich unmittelbar als mit (176) übereinstimmend erweist.

Die Formel (173) ferner, aus der durch Spezialisierung die Gleichung (176) erhalten wurde, kann anders gefaßt werden.

Wir setzen mit Frobenius[1]

$$(178) \qquad \begin{cases} f_i(t) = \sum_{r=0}^{p-1} r^{i-1}\cdot(-t)^r = -\varphi_i(t), \\ \qquad (i = 2, 3, \cdots p-1) \\ f_1(t) = \sum_{r=0}^{p-1}(-t)^r = \dfrac{1+t^p}{1+t}. \end{cases}$$

Da die Glieder in der Formel (173), welche die S_{2i+1} enthalten, der Null (mod. p) kongruent sind, dürfen sie durch andere ersetzt werden, die es ebenfalls sind, und da die $\mathfrak{B}_{2i+1}$ offenbar solche Größen sind, darf man die gedachte Kongruenz für $k = \pi$ und, wenn t eine ganze durch p nicht teilbare Zahl ist, derart, daß

$$f_1(t) = \frac{1+t^p}{1+t} \equiv 1 \quad (\text{mod. } p)$$

[1] Frobenius, Journ. f. Mathem. 137, S. 314 oder Sitzungsber. d. Berliner Akad. d. Wissensch. 1909.

wird, durch nachstehende ersetzen:

$$-\vartheta \cdot \varphi_{p-1} \equiv -2\,\mathfrak{B}_{p-1}$$

$$+ (2-\vartheta)\left[\binom{p-2}{1}\mathfrak{B}_{p-2}\cdot f_2 - \binom{p-2}{2}\mathfrak{B}_{p-3}\cdot f_3\right.$$

$$\left.+ \cdots + \binom{p-2}{p-4}\mathfrak{B}_3\cdot f_{p-3} - \binom{p-2}{p-3}\mathfrak{B}_2\cdot f_{p-2}\right]$$

$$+ (2-\vartheta)\,\mathfrak{B}_{p-1} - (2-\vartheta)\binom{p-2}{0}\mathfrak{B}_{p-1}\cdot f_1 \quad (\text{mod. } p),$$

der man mit Beachtung der Gleichheit

$$\mathfrak{B}_i = - f_i(1), \quad (i > 0)$$

leicht die Form gibt:

$$(1 + t)\left[f_{p-1}(1) - f_{p-1}(t)\right] = (1 - t)\cdot L,$$

unter L die Summe

$$L = \sum_{n=1}^{p-1} (-1)^n \cdot \binom{p-2}{n-1}\cdot f_n(1)\cdot f_{p-n}(t)$$

verstehend. Ist also t eines der Verhältnisse (162), welche einer Lösung der Fermatschen Gleichung entsprechen, so ist

$$(179) \qquad\qquad (1 + t)f_{p-1}(1) \equiv (1 - t)\cdot L \quad (\text{mod. } p).$$

Diese aus der Formel (173) hergeleitete Beziehung kann man aber wieder ganz ohne ihre Hilfe sehr einfach erweisen, wie Frobenius a. a. O. gezeigt hat, wenn man bemerkt, daß die Summe L nichts anderes ist, als die Doppelsumme

$$L = \sum (-1)^{r-s} \cdot (r-s)^{p-2}\cdot t^s.$$
$$(r, s = 0, 1, 2, \cdots p-1)$$

Zerlegt man diese nämlich in die beiden Teile M, N, in deren ersterem $r - s = n > 0$, in deren zweitem $r - s = - n < 0$ ist, so hat man:

     Erstens

$$M = \sum (-1)^n n^{p-3}(1 + t + t^2 + \cdots + t^{p-1-n})$$

$$(1 - t)M = \sum (-1)^n n^{p-2}(1 - t^{p-n})$$

$$= f_{p-1}(1) - \sum (-1)^{p-n}(p-n)^{p-2}\cdot t^{p-n}$$

$$= f_{p-1}(1) - \sum (-1)^n n^{p-2} t^n \equiv f_{p-1}(1) - f_{p-1}(t).$$

also für die gedachten Verhältnisse (162)

$$(1 - t) M \equiv f_{p-1}(1) \quad (\text{mod. } p);$$

zweitens

$$N = - \sum (- 1)^n \, n^{p-2} (t^n + t^{n+1} + \cdots + t^{p-1})$$

$$(1 - t) N = - \sum (- 1)^n \, n^{p-2} (t^n - t^p) \equiv - f_{p-1}(t) + t^p f_{p-1}(1),$$

also für dieselben Verhältnisse (162)

$$(1 - t) N \equiv t \cdot f_{p-1}(1) \quad (\text{mod. } p);$$

daraus ist drittens

$$(1 - t) L \equiv (1 + t) f_{p-1}(1).$$

wie in (179).

Da nun andererseits für $i > 0$

$$f_{2i+1}(1) = - \mathfrak{B}_{2i+1} \equiv 0$$

$$\left. \begin{array}{l} f_{2i}(1) = - \mathfrak{B}_{2i} \equiv (- 1)^i \cdot B_i \, \dfrac{2^{2i} - 1}{i} \end{array} \right\} \quad (\text{mod. } p),$$

und daher

$$L \equiv \sum_{s=1}^{\pi-1} \binom{p - 2}{2s - 1} f_{2s}(1) f_{p-2s}(t) + f_{p-1}(1) \cdot f_1(t)$$

$$= \sum_{s=1}^{\pi-1} (- 1)^s \binom{p - 2}{2s - 1} \frac{2^{2s} - 1}{s} B_s f_{p-2s}(t) + f_{p-1}(1)$$

$$\equiv \sum_{s=1}^{\pi-1} (- 1)^{s+1} \binom{p - 2}{2s - 1} \frac{2^{2s} - 1}{s} B_s \varphi_{p-2s}(t) + f_{p-1}(1).$$

also für dieselben Verhältnisse (162) den **Kummer**schen Kongruenzbedingungen (170) zufolge

$$L \equiv f_{p-1}(1) \quad (\text{mod. } p)$$

ist, so ergibt sich durch Verbindung dieser und der Kongruenz (179) diese andere:

$$(1 + t) f_{p-1}(1) \equiv (1 - t) f_{p-1}(1) \quad (\text{mod. } p),$$

aus welcher, da t für die Verhältnisse (162) nicht kongruent Null (mod. p) ist,

$$f_{p-1}(1) \equiv 0 \quad (\text{mod. } p),$$

also ein neuer Beweis des Wieferichschen Kriteriums erhalten wird. —

45. Wir sind der Bedingung

$$q(2) = \frac{2^p - 2}{p} \equiv 0 \quad (\text{mod. } p)$$

schon früher begegnet als einer solchen, die notwendig war, wenn die Fermatsche Gleichung eine Lösung x, y, z haben sollte, bei welcher zwei der Zahlen einander (mod. p) kongruent sind, oder, was dasselbe sagt, wenn das System (162) der Verhältnisse zweier von ihnen das unvollständige System -2, $-\frac{1}{2}$, 1 sein sollte. Wir können jetzt hinzufügen, daß dafür auch die Kongruenz

$$q(3) = \frac{3^p - 3}{p} \equiv 0 \quad (\text{mod. } p)$$

erforderlich ist. Betrachten wir zu diesem Zwecke die mit L analoge Summe

$$\sum_{n=1}^{p-1} \varphi_n(t)\, \varphi_{p-n}(t),$$

welche durch Einsetzen der Summenausdrücke für die Funktionen φ den Ausdruck

$$\sum_{n=1}^{p-1} \sum (-1)^{k+l} \cdot k^{n-1}\, l^{p-n-1}\, t^{k+l}$$
$$(k,\, l = 1,\, 2 \cdots p - 1)$$

erhält. Da die Summe

$$\sum_{n=1}^{p-1} k^{n-1}\, l^{p-n-1} \quad (\text{mod. } p)$$

mit Null oder mit $(p-1)\, k^{p-2}$ kongruent ist, je nachdem k, l voneinander verschieden sind oder nicht, so reduziert sich (mod. p) die gesamte Summe auf

$$\sum_{k=1}^{p-1} k^{p-2} \cdot t^{2k} = -\varphi_{p-1}(-t^2),$$

man hat also die Gleichung

$$\sum_{n=1}^{p-1} \varphi_n(t) \cdot \varphi_{p-n}(t) = -\varphi_{p-1}(-t^2).$$

Für die Werte $t = \tau$ der Verhältnisse, welche einer Lösung der Fermatschen Gleichung in ganzen, durch p nicht teilbaren Zahlen entsprechen, d. h. den Kongruenzen (171) genügen, ist also

$$\varphi_{p-1}(-\tau^2) \equiv 0 \quad (\text{mod. } p),$$

d. h. die Kongruenz

$$(180) \qquad \varphi_{p-1}(t) \equiv \frac{(1+t)^p - t^p - 1}{p} \equiv 0$$

hat mit der Wurzel τ zugleich auch die Wurzel $-\tau^2$.

Aus

$$(\tau + 1)^p \equiv \tau^p + 1, \quad (-\tau^2 + 1)^p \equiv -\tau^{2p} + 1$$

folgt dann aber weiter

$$(1 - \tau)^p \equiv 1 - \tau^p,$$

also auch $-\tau$ als eine Wurzel der Kongruenz (180).

Ist daher $\tau = -2$ eine Wurzel derselben, d. h. $q(2) \equiv 0$ (mod. p), so ist es auch $\tau = +2$, d. h.

$$\frac{3^p - 2^p - 1}{p} = \frac{3^p - 3}{p} - \frac{2^p - 2}{p} \equiv 0 \quad (\text{mod. } p),$$

also $q(3) \equiv 0$, w. z. b. w. —

46. Mit dem Wieferichschen Kriterium konnte man wähnen, daß das Fermatsche Problem für den Fall I wohl erledigt sei, da man, soweit die Rechnung geführt war, noch keine Primzahl p kannte, welche die Bedingung $q(2) \equiv 0$ (mod. p) erfüllte. Aber durch Meissner[1] ist $p = 1093$ als eine solche, die erste in der Reihe aller Primzahlen, festgestellt worden, und so war weitere Forschung notwendig geworden. Mirimanoff, der es unternahm, das Wieferichsche Ergebnis zu verallgemeinern und durch Kombinationen der Kummerschen Kongruenzbedingungen weitere ähnliche Sätze zu gewinnen,

---

[1] Sitzungsber. der Berliner Akad. der Wissensch. 1913.

ist es gelungen, die eigentliche Quelle derselben aufzudecken[1].

Welche ganze Funktionen von t auch immer unter

$$X_{p-1}(t), \quad X_{p-2i}(t), \quad (i = 1, 2, \cdots \pi - 1)$$

verstanden werden, der Ausdruck

$$(181) \qquad F(t) = \sum_{i=1}^{\pi-1} X_{p-2i}(t) \cdot B_i\, \varphi_{p-2i}(t) + X_{p-1}(t) \cdot \varphi_{p-1}(t)$$

wird eine ganze Funktion von t sein, die für alle Werte $t = \tau$, welche die Kummerschen Kongruenzen erfüllen, also auch für die Verhältnisse (162), die einer Lösung der Fermatschen Gleichung der angegebenen Art entsprechen, der Null (mod. p) kongruent werden muß; jede solche Kongruenz

$$(182) \qquad F(\tau) \equiv 0 \quad (\text{mod. } p)$$

ist also eine notwendige Bedingung für die Lösbarkeit der Gleichung, und es kommt nur darauf an, jene Funktionen so zu wählen, daß diese Bedingungen eine faßliche Form erhalten, die weitere Schlüsse ermöglicht.

Eine Gleichung von der Form (181) bietet sich nun unmittelbar dar in der bekannten Beziehung, durch welche die Bernoullischen Zahlen in die Analysis eingeführt werden, nämlich in der Formel

$$(183) \qquad \frac{x}{e^x - 1} = 1 - \frac{x}{1} + \sum_{i=1}^{\infty} (-1)^{i-1} \cdot \frac{B_i}{(2i)!} \cdot x^{2i}.$$

Setzt man in derselben

$$e^x = 1 + t, \quad \text{also } x = \log(1 + t),$$

und erinnert sich des Umstandes (s. Nr. 42), daß bis auf Potenzen von t von höherem als $p - 1^{\text{ten}}$ Grade die Potenzen $\log^{2i}(1 + t)$ mit den Ausdrücken $(2i)!\, \psi_{p-2i}(t)$ (mod. p) übereinstimmen, so erhält man bei Entwicklung von (183) nach Potenzen von t, und wenn man

---

[1] Comptes Rendus de l'Acad. de Paris 24, anvier 1910; Journ. f. Mathem. 139.

beiderseits nur die Glieder bis zur Potenz t^{p-1} beibehält, die endliche Kongruenz

$$(184) \begin{cases} \dfrac{\psi_{p-1}(t)}{t} + \dfrac{t^{p-1}}{p} \equiv 1 - \dfrac{\psi_{p-1}(t)}{2} \\[2ex] \quad + \displaystyle\sum_{i=1}^{\pi-1} (-1)^{i-1} \cdot B_i \cdot \psi_{p-2i}(t) + (-1)^{\pi-1} \cdot \dfrac{B_\pi}{(2\pi)!} \cdot t^{p-1} \end{cases}$$

Aus ihr findet sich, indem man $t = -1$ setzt, für welchen Wert die ψ, ihren Ausdrücken zufolge, sämtlich (mod. p) verschwinden, die anderweitig schon bekannte Formel für die Bernoullische Zahl $B_{\frac{p-1}{2}}$[1]

$$(-1)^\pi \cdot \frac{B_\pi}{(2\pi)!} + \frac{1}{p} \equiv 1 \quad (\text{mod. } p);$$

nimmt man dagegen diese als gegeben an, so kann die Formel (184) dazu dienen, aufs neue zu beweisen, daß die Bedingung

$$\varphi_{p-1}(t) \equiv 0 \quad (\text{mod. } p)$$

eine Folge der übrigen Kummerschen Kongruenzbedingungen ist. — Allgemeiner erhalten wir, wenn wir in (183) statt x, unter m eine durch p nicht teilbare ganze Zahl verstanden, mx setzen, und von der so entstehenden Gleichung die ursprüngliche abziehen, die nachstehende Gleichung

$$(185) \begin{cases} x\left(\dfrac{m}{e^{mx}-1} - \dfrac{1}{e^x-1} \right) \\[2ex] = -\dfrac{m-1}{2}\, x + \displaystyle\sum_{i=1}^{\infty} (-1)^{i-1} \cdot (m^{2i}-1) \cdot \dfrac{B_i}{(2i)!} \cdot x^{2i}, \end{cases}$$

in welcher die linke Seite, in Partialbrüche zerlegt, gleich

$$x \cdot \sum_{i=1}^{m-1} \frac{\alpha_i}{e^x - \alpha_i}$$

gesetzt werden kann, wenn mit α_i die verschiedenen Wurzeln der Gleichung $\dfrac{x^m - 1}{x - 1} = 0$ bezeichnet werden. Verfährt man nun mit

---

[1] Mathem. Ann. 60, S. 488.

dieser Gleichung wie mit (183), so verwandelt sich zunächst die linke Seite in

$$\sum_{i=1}^{m-1} \frac{\alpha_i \log(1+t)}{1-\alpha_i+t};$$

setzt man dann

$$R_i = \frac{\varphi_{p-1}(-1+\alpha_i)}{(-1+\alpha_i)^{p-1}} \equiv \frac{\varphi_{p-1}(-\alpha_i)}{(1-\alpha_i)^{p-1}},$$

so kann man

$$\log(1+t) \equiv \varphi_{p-1}(t) - R_i \cdot t^{p-1} + R_i \cdot t^{p-1} + t^p \cdot \mathfrak{F}(t)$$

schreiben, unter $\mathfrak{F}(t)$ eine nach ganzen Potenzen von t fortschreitende Reihe verstehend; und da

$$\varphi_{p-1}(t) - R_i\, t^{p-1}$$

offenbar durch $1-\alpha_i+t$ teilbar ist, so findet sich bis auf Potenzen von t von höherem als $p-1^{\text{ten}}$ Grade

$$\frac{\log(1+t)}{1-\alpha_i+t} \equiv \frac{\varphi_{p-1}(t) - R_i\, t^{p-1}}{1-\alpha_i+t} + \frac{R_i}{1-\alpha_i}\, t^{p-1} \quad (\text{mod. } p).$$

Wenn dann noch $-1-t$ statt t geschrieben wird, so geht aus (185) die folgende für jedes t gültige Kongruenz hervor:

$$(186) \quad \left\{ \begin{aligned} &-\varphi_{p-1}(t) \cdot \sum_{i=1}^{m-1} \frac{\alpha_i}{t+\alpha_i} + (1+t)^{p-1} \cdot \sum_{i=1}^{m-1} \left(\frac{\alpha_i R_i}{t+\alpha_i} + \frac{\alpha_i R_i}{1-\alpha_i} \right) \\ &\equiv -\frac{m-1}{2}\varphi_{p-1}(t) + \sum_{i=1}^{\pi-1} (-1)^{i-1} \cdot (m^{2i}-1) \cdot B_i\, \varphi_{p-2i}(t) \\ &\quad + (-1)^{\pi-1} \cdot (m^{p-1}-1) \frac{B_\pi}{(p-1)!} \cdot (1+t)^{p-1}. \end{aligned} \right.$$

Da alle Funktionen $\varphi_{p-1}(t)$, $\varphi_{p-2i}(t)$ für $t=0$ verschwinden, erhält man zunächst aus ihr für $t=0$ die Folgerung:

$$(-1)^{\pi-1} \cdot (m^{p-1}-1) \frac{B_\pi}{(p-1)!} \equiv \sum_{i=1}^{m-1} \frac{R_i}{1-\alpha_i},$$

d. i. mit Rücksicht auf die zuvor für die Bernoullische Zahl $B_{\frac{p-1}{2}}$ angegebene Kongruenz die Beziehung:

$$(187) \qquad \frac{m^{p-1}-1}{p} \equiv \sum_{i=1}^{m-1} \frac{R_i}{1-\alpha_i} \quad (\text{mod. } p),$$

eine allgemeine, für jede durch p nicht teilbare Zahl m gültige Formel für den sogenannten Fermatschen Quotienten $q(m)$, welche schon auf anderem Wege von Lerch[1] angegeben worden ist. Setzt man dagegen für t eins der Verhältnisse (162), wie sie einer Lösung der Fermatschen Gleichung in ganzen durch p nicht teilbaren Zahlen entsprechen, wofür also die Glieder, welche $\varphi_{p-1}(t)$, $\varphi_{p-2i}(t)$ enthalten, verschwinden, so geht mit Beachtung der Kongruenz (187) die nachstehende:

$$\sum_{i=1}^{m-1} \frac{R_i}{t+\alpha_i} \equiv 0,$$

also auch

$$(188) \qquad \Phi(t) = \prod_{i=1}^{m-1}(t+\alpha_i) \cdot \sum_{i=1}^{m-1} \frac{R_i}{t+\alpha_i} \equiv 0 \quad (\text{mod. } p)$$

hervor, d. h. eine Kongruenz vom Grade $m-2$, welche für alle jene Verhältnisse erfüllt sein muß.

Für $m=2$ und $m=3$ ist ihr Grad also < 2; da nun die Anzahl der verschiedenen Verhältnisse (162) mindestens gleich 2 ist, so muß in diesen beiden Fällen die Funktion (188) identisch (mod. p) verschwinden, ihr Wert für $t=-1$ bzw. -2 also auch kongruent Null sein; der erste Faktor aber wird diesen Fällen entsprechend bzw. gleich

$$t-1 . \quad t^2+t+1,$$

der Wert der Funktion für $t=-1$ bzw. -2 mit Beachtung von (187) also bzw. gleich $-2 \cdot q(2)$, $3 \cdot q(3)$. Und somit ergibt sich der Satz[2]:

Zur Lösbarkeit der Gleichung

$$x^p + y^p + z^p = 0$$

[1] Comptes Rendus de l'Acad. des Sciences de Paris 1906.

[2] Mirimanoff, Journ. für Mathem. 139.

in ganzen, durch p nicht teilbaren Zahlen ist notwendig, daß nicht nur das Wieferichsche Kriterium·

$$q(2) = \frac{2^p - 2}{p} \equiv 0 \quad (\text{mod. } p),$$

sondern auch die Kongruenz

$$q(3) = \frac{3^p - 3}{p} \equiv 0 \quad (\text{mod. } p)$$

erfüllt sei; was also für die besonderen Lösungen, bei denen zwei der Zahlen x, y, z etwa kongruent (mod. p) sind, als notwendig schon nachgewiesen wurde, ist hiermit für jede etwaige Auflösung überhaupt als erforderlich festgestellt.

    Allgemein ist

$$\Phi(-1) \equiv (-1)^m \cdot m\, q(m),$$

da $\prod_{i=1}^{m} (-1 + \alpha_i) = (-1)^{m-1} \cdot m$ ist; für ungerade m aber ist

$$\Phi(1) \equiv 0 \quad (\text{mod. } p).$$

denn für ein solches m ist

$$\sum_{i=1}^{m-1} \frac{\alpha_i}{1 + \alpha_i} = \frac{m-1}{2};$$

setzt man also in (186) $t = 1$, so fallen die Glieder, welche $\varphi_{p-1}(t)$ enthalten, aus der Kongruenz fort, die $\varphi_{p-2i}(t)$ aber werden ihren Ausdrücken zufolge kongruent Null, und man findet in der Tat

$$\sum_{i=1}^{m-1} \frac{R_i}{1 + \alpha_i} \equiv 0 .$$

Ist nun z. B. $m = 5$ und somit $\Phi(t)$ vom Grade 3, so müßte diese Funktion (mod. p) identisch verschwinden, wenn das System (162) für eine Lösung der Fermatschen Gleichung aus lauter verschiedenen Zahlen bestünde, also müßte auch

$$\text{oder} \qquad \left. \begin{aligned} \Phi(-1) &\equiv 0 \\[4pt] q(5) = \frac{5^p - 5}{p} &\equiv 0 \end{aligned} \right\} \quad (\text{mod. } p)$$

sein. Wenn daher diese Kongruenz nicht stattfindet, so kann das System (162) nur ein unvollständiges sein. Wäre es dann das System $1, -2, -\frac{1}{2}$, so fände man

$$\Phi(t) \equiv c(t-1)(t+2)(2t+1),$$

und mit Rücksicht auf die Beziehung $\Phi(-1) = -5q(5)$ genauer

$$\Phi(t) \equiv -\frac{5^p-5}{2p} \cdot (t-1)(t+2)(2t+1) \quad (\text{mod. } p).$$

Wäre es dagegen das System der Wurzeln der Kongruenz $t^2 + t + 1 \equiv 0$, mithin p von der Form $6k+1$, so würde $\Phi(t)$, da es außerdem, wie gezeigt ist, die Wurzel $t \equiv 1$ besitzen muß, von der Form $c(t^3 - 1)$, d. h. genauer

$$\Phi(t) \equiv \frac{5^p-5}{2p} \cdot (t^3 - 1) \quad (\text{mod. } p).$$

47. Diese Untersuchungen von Mirimanoff sind weiter fortgeführt von Frobenius, dem es so gelang, noch erheblich weitere Ergebnisse ähnlicher Art zu erhalten[1]. Zugleich hat er dabei den immerhin nicht ganz sicheren Boden der unendlichen Reihen verlassen und alles auf die feste Grundlage elementarer algebraischer Betrachtungen gestellt.

Führen wir mit ihm durch die Kongruenz[2]

$$(189) \qquad f_i(t) \equiv \sum_{n=0}^{p-1} n^{i-1} t^n \quad (\text{mod. } p),$$

d. h.

$$f_1(t) \equiv 1 - \varphi_1(-t), \quad f_i(t) \equiv -\varphi_i(-t)$$
$$\cdot \; (i = 2, 3, \cdots p - 1)$$

statt der Funktionen $\varphi_i(t)$ neue Funktionen $f_i(t)$ ein; hiernach ergibt sich, wenn man noch

$$(190) \qquad f(t) = \sum_{n=1}^{p-1} \frac{(1-t)^n}{n}$$

---

[1] Sitzungsber. der Berliner Akad. der Wissensch. 1910, S. 200 und 1914, S. 653.

[2] Die Zeichen f_i, f_1 sind nicht zu verwechseln mit den gleichen Zeichen in Nr. 44.

setzt, die Beziehung

$$f_{p-1}(t) \equiv \sum_{n=1}^{p-1} \frac{t^n}{n} = f(1-t)$$

und, da

$$f_{p-1}(t) \equiv \frac{t^p - 1 - (t-1)^p}{p} \equiv f_{p-1}(1-t)$$

gefunden wird, auch

$$f_{p-1}(t) \equiv f(t) \quad (\text{mod. } p).$$

Bezeichne ferner b ein Symbol, dessen verschiedene Potenzen durch die Gleichungen

$$b^0 = 1, \quad b^1 = -\tfrac{1}{2}, \quad b^{2i} = (-1)^{i-1} \cdot B_i, \quad b^{2i+1} = 0$$

definiert sind, so gibt die symbolische Formel

$$(b+1)^n - b^n = 0, \quad n > 1.$$

in welcher nach Entwicklung der binomischen Potenz die Potenzen von b durch die angegebenen Werte zu ersetzen sind, das bekannte Rekursionsgesetz für die Bernoullischen Zahlen; für $n = 1$ ist sie durch die Formel

$$(b+1)^1 - b^1 = 1$$

zu ersetzen. Werden diese Gleichungen mit Konstanten multipliziert und dann addiert, so gilt für die so entstehende ganze Funktion $F(t)$ die allgemeine Rekursionsformel

$$(191) \qquad F(b+1) - F(b) = F'(0).$$

Dies vorausgeschickt, gehen wir aus von dem Ausdrucke

$$-\tfrac{1}{2} \cdot f_{p-1}(t) + \sum_{i=1}^{\pi-1} (-1)^{i-1} \cdot B_i \cdot f_{p-2i}(t) = \sum_{s=1}^{p-1} f_{p-s}(t) \cdot b^s.$$

Ersetzen wir in ihm das Symbol b durch die Größe u, so ist es leicht, nachstehende Kongruenz zu bestätigen:

$$(192) \qquad \sum_{s=0}^{p-1} f_{p-s}(t) u^s \equiv (t-1)^{p-1} - F(t, u) \quad (\text{mod. } p),$$

in welcher

$$f_p(t) \equiv (t - 1)^{p-1} - 1 \,,$$

(192a)
$$F(t, u) = \sum_{i=0}^{p-1} \binom{u}{i} \cdot (t - 1)^i$$

gedacht ist. In der Tat ist der Wert dieser Funktion, welche in bezug auf jede der Variabeln t, u vom Grade $p - 1$ ist, für jeden Wert $u = s$ aus der Reihe $0, 1, 2, \cdots p - 1$

(193)
$$F(t, s) = t^s \,.$$

Nach der bekannten Formel von **Lagrange**

$$F(t, u) = (u^p - u) \cdot \sum_{s=0}^{p-1} \frac{F(t, s)}{p\, s^{p-1} - 1} \cdot \frac{1}{u - s}$$

erhält man daher

$$F(t, u) \equiv - (u^p - u) \cdot \sum_{s=0}^{p-1} \frac{t^s}{u - s} \quad (\text{mod. } p),$$

oder

$$F(t, u) \equiv - (u^{p-1} - 1) - \sum_{s=1}^{p-1} u \cdot \frac{u^{p-1} - s^{p-1}}{u - s} \cdot t^s$$

$$\equiv 1 - \sum_{i=1}^{p-1} f_{p-i}(t) \cdot u^i \,,$$

und folglich

$$(t - 1)^{p-1} - F(t, u) \equiv f_p(t) + \sum_{i=1}^{p-1} f_{p-i}(t) \cdot u^i \,,$$

d. i. die Kongruenz (192).

Wir führen nun in die Funktion $F(t, u)$ statt u das Symbol mb ein, unter m eine beliebige positive, durch p nicht teilbare ganze Zahl verstehend. Dann ist der Formel (191) zufolge

$$F(t, m(b + 1)) - F(t, mb) = m \cdot F_u'(t, 0),$$

während $F_u'(t, 0)$ den Koeffizienten von u in der Funktion $F(t, u$ bezeichnet; dieser Koeffizient ist aber im allgemeinen Gliede

$$\binom{u}{i}(t - i)^i \text{ von } F(t, u) \text{ für } i > 0 \text{ gleich } \frac{(-1)^{i-1}}{i}(t - 1)^i, \text{ und beträgt}$$

somit

$$F_u'(t, 0) = \sum_{i=1}^{p-1} \frac{(-1)^{i-1}}{i}(t - 1)^i = -f(t);$$

also ist

$$(194) \qquad F\big(t, m(b + 1)\big) - F(t, mb) = -m \cdot f(t).$$

Andererseits folgt aus (193)

$$F(t, s) \cdot t^m = t^{m+s} = \sum_{i=0}^{m+s} \binom{m+s}{i}(t - 1)^i$$

$$= \sum_{i=0}^{p-1} \binom{m+s}{i}(t - 1)^i + (t - 1)^p \cdot H(t, s),$$

wenn der Rest der Entwicklung gleich $(t - 1)^p \cdot H(t, s)$, nämlich

$$(195) \qquad H(t, s) = \sum_{k=0}^{m+1-p} \binom{m+s}{p+k}(t - 1)^k$$

gesetzt wird. Nun sei $G(t, u)$ diejenige ganze Funktion von u vom Grade $p - 1$, welche für $u = s(0, 1, 2, \cdots p - 1)$ mit $H(t, s)$ gleich wird. Dann muß identisch

$$(196) \qquad F(t, u) \cdot t^m = \sum_{i=1}^{p-1} \binom{u+m}{i}(t - 1)^i + (t - 1)^p \cdot G(t, u)$$

sein, da beide Seiten ganze Funktionen von u vom Grade $p - 1$ sind, welche für die p Werte $u = s\,(0, 1, 2, \cdots p - 1)$ übereinstimmen, und daher findet sich

$$F(t, u) \cdot (t^m - 1) = F(t, u + m) - F(t, u) + (t - 1)^p \cdot G(t, u),$$

also bei Einführung des Symbols $m\,b$ statt der Größe u mit Beachtung von (194) die Gleichheit:

$$(197) \qquad F(t, m\,b) \cdot (t^m - 1) + m \cdot f(t) = (t - 1)^p \cdot G(t, m\,b),$$

insbesondere für $t = 0$:

(198) $$F(0,\, m\,b) - m \cdot f(0) = G(0,\, m\,b).$$

Setzt man nun

(199)
$$\begin{cases} F(t,\, m\,b) - [F(0,\, m\,b) - m\,f(0)]\,(t-1)^{p-1} = m \cdot F_m(t) \\[2mm] G(t,\, m\,b) - G(0,\, m\,b) \cdot \dfrac{t^m - 1}{t - 1} = m\,t \cdot G_m(t), \end{cases}$$

so geht aus (197) die nachstehende Gleichung hervor:

$$F_m(t) \cdot (t^m - 1) + f(t) = (t - 1)^p \cdot t\, G_m(t).$$

der man noch die Gestalt geben kann:

(200) $\quad [F_m(t) - \tfrac{1}{2} f(t)] \cdot (t^m - 1) + \tfrac{1}{2}(t^m + 1) f(t) = t\,(t - 1)^p \cdot G_m(t).$

Dies ist nun eine Gleichung von der Art der Gleichungen (181), denn man findet

$$f(t) \equiv f_{p-1}(t).$$

und auf Grund der Kongruenzen (192)

$$m\left(F_m(t) - \tfrac{1}{2} f(t)\right)$$
$$\equiv f_p(t) + f_{p-1}(t) \cdot m\,b + f_{p-2}(t) \cdot m^2 b^2 + \cdots + f_2(t) \cdot m^{p-2} b^{p-2}$$
$$\equiv f_p(t) + \sum_{s=1}^{\pi-1} m^{2s} (-1)^{s-1} B_s\, f_{p-2s}(t).$$

Demnach verschwindet (mod. p) die linke Seite der Gleichung (200) für jedes der Verhältnisse (162), die einer Lösung der Fermatschen Gleichung entsprechen, da für ein solches nicht $t \equiv 1$ sein kann, und deshalb $f_p(t) \equiv 0$ wird; und dasselbe muß also der Fall sein für die ganze Funktion $G_m(t)$.

48. Untersuchen wir also diese Funktion genauer. Den Formeln (196) und (199) zufolge ist sie vom Grade $m - 2$, und nach Formel (198) ist

$$G(0,\, m\,b) \equiv F(0,\, m\,b) \quad (\text{mod. } p).$$

Nun verschwindet die Funktion $F(0,\, u)$ vom Grade $p - 1$ der Formel (193) gemäß für jeden der $p - 1$ Werte $u = s\,(1, 2, 3, \cdots p - 1)$

und ist der Definitionsgleichung für $F(t, u)$ zufolge gleich 1 für $u = 0$; daher ist offenbar

$$F(0, u) = \frac{(u - 1)(u - 2)\cdots(u - p + 1)}{1\cdot 2\cdots(p - 1)},$$

denn vom Ausdrucke zur Rechten gilt das gleiche. Demnach ist

$$(p - 1)!\, F(0, u) = (u - 1)(u - 2)\cdots(u - p + 1) \equiv u^{p-1} - 1 \quad (\text{mod. } p),$$

also

$$(201)\quad (p - 1)!\, F(0, m\, b) \equiv (p - 1)!\, G(0, m\, b) \equiv m^{p-1} b^{p-1} - 1 \quad (\text{mod. } p).$$

Andererseits war $G(t, u)$ für alle $u = s = 0, 1, 2, \cdots p - 1$ gleich $H(t, s)$, ist also offenbar der Rest, welcher bleibt, wenn die Funktion

$$\sum_{i=0}^{m+p-1} \binom{u + m}{p + i}(t - 1)^i$$

vom Grade $m + p - 1$ in bezug auf u durch die Funktion

$$u(u - 1)(u - 2)\cdots(u - p + 1)$$

oder auch $\binom{u}{p}$ vom Grade p dividiert wird; daher ist $G(1, u)$ der Rest der Division von $\binom{u + m}{p}$ durch $\binom{u}{p}$, d. h., da diese Funktionen von gleichem Grade sind und gleichen höchsten Koeffizienten haben,

$$G(1, u) = \binom{u + m}{p} - \binom{u}{p},$$

also

$$G(1, m\, b) = \binom{m(b + 1)}{p} - \binom{m\, b}{p},$$

d. i. nach der allgemeinen Formel (191)

$$G(1, m\, b) = \frac{m}{p},$$

denn der Koeffizient von u in $\binom{u}{p}$ beträgt, wie schon erwähnt, $\dfrac{(-1)^{p-1}}{p} = \dfrac{1}{p}$. Und somit kommt aus (199) für $t = 1$

$$G_m(1) \equiv \frac{1}{p} + m^{p-1} b^{p-1} - 1 \equiv \frac{1}{p} - 1 + (-1)^{\pi-1}\cdot B_\pi \cdot m^{p-1},$$

d. h. nach der oben angegebenen Kongruenz für die Bernoullische Zahl B_π

$$G_m(1) \equiv \left(\frac{1}{p} - 1\right)(1 - m^{p-1})$$

$$\equiv \frac{1 - m^{p-1}}{p} \quad (\text{mod. } p).$$

Nunmehr führt die Gleichung (200) zu denselben Folgerungen, wie sie nach **Mirimanoff** in Nr. 46 erschlossen worden sind.

Da $G_m(t)$ für $m = 2$ vom Grade Null, und für alle Verhältnisse (162) (mod. p) verschwinden muß, ist sie identisch kongruent Null, also muß auch $G_2(1) \equiv 0$, d. h. also

$$q(2) = \frac{2^p - 2}{p} \equiv 0 \quad (\text{mod. } p)$$

sein. Desgleichen, da $G_m(t)$ für $m = 3$ vom ersten Grade ist, aber für alle Werte der Verhältnisse (162), deren mindestens zwei voneinander verschiedene vorhanden sind, verschwinden muß, ist es wieder identisch Null (mod. p), also muß auch $G_3(1) \equiv 0$, d. h.

$$q(3) = \frac{3^p - 3}{p} \equiv 0 \quad (\text{mod. } p)$$

sein. Ebenso ergeben sich leicht auch für $m = 5$ die Folgerungen am Ende jener Nummer.

Wenn sonach die bisherigen Untersuchungen von **Frobenius** keine neuen Ergebnisse geliefert haben, so bietet die zweite oben angeführte Arbeit deren eine ganze Reihe dar. Ihre Grundlage ist eine Verallgemeinerung der Funktion $F(t, u)$, an deren Stelle der Ausdruck

$$\sum_{i=1}^{p-1} \binom{p-2}{i-1} k^{p-i-1} \cdot f_{p-1}(t) \cdot f_i(t)$$

tritt, in welchem k eine durch p nicht teilbare, positive ganze Zahl bedeutet; mittels derselben werden drei, von zwei ganzen Zahlen k, m abhängige Funktionen

$$F_m^{(k)}(t), \quad G_m^{(k)}(t), \quad H_m^{(k)}(t)$$

gebildet, für welche die mit (200) analoge Gleichung

$$F_{m}^{(k)}(t) \cdot (t^m - 1) + H_{m}^{(k)}(t) = (t - 1)^p \cdot G_{m}^{(k)}(t)$$

besteht, die eine Gleichung vom Charakter der Gleichungen (181) und die Quelle ist, aus der nun die weiteren Ergebnisse fließen. Da im übrigen diese Frobeniussche Arbeit sehr umständliche spezielle Erörterungen erfordert, die Prinzipien der Untersuchung aber die nämlichen bleiben wie zuvor, und diese genügend von uns gekennzeichnet worden sind, müssen wir uns soweit begnügen, die Hauptresultate mitzuteilen, zu denen Frobenius gelangt ist, und welche darin bestehen, daß:

zur Lösbarkeit der Fermatschen Gleichung im Falle I der Primzahlexponent p außer den schon angegebenen Bedingungen $q(2) \equiv 0$, $q(3) \equiv 0$ noch die Bedingungen

$$q(11) \equiv 0, \quad q(17) \equiv 0$$

und, falls er die Form $6k + 5$ hat, auch die weiteren Kongruenzen

$$q(7) \equiv 0, \quad q(13) \equiv 0, \quad q(19) \equiv 0 \quad (\text{mod. } p)$$

erfüllen muß.

Gestützt auf die Ergebnisse von Mirimanoff, sowie auf Untersuchungen von Frobenius über die Bernoullischen Zahlen[1] hat dann Vandiver[2] den Satz entwickelt, daß für den gleichen Umstand auch noch die Bedingung

$$q(5) \equiv 0 \quad (\text{mod. } p)$$

erforderlich ist.

49. Diese sämtlichen Kriterien flossen aus der Formel (181), welche sich somit als eine sehr ergiebige Quelle für derartige Sätze ergibt; da sie aber selbst nur eine Folgerung aus den Kummerschen Kongruenzbedingungen ist, so sind die letzteren eigentlich als Grund der Sätze zu bezeichnen. Aber die gemeinsame einfache Form, welche sie aufweisen, läßt die Vermutung zu, daß sie in elementaren, wenn-

---

[1] Sitzungsber. d. Berliner Akad. d. Wissenschaften 1910.
[2] Journal f. Mathem. 144, S. 314.

schon noch verborgenen arithmetischen Beziehungen ihren wahren Grund haben. In diesem Betracht ist eine Bemerkung, welche Furtwängler gemacht hat[1], von großem Interesse, obwohl auch sie jenen Ursprung noch in ein ziemlich hoch gelegenes Gebiet der Zahlentheorie verlegt.

Sei wieder α eine p^{te} Wurzel der Einheit und $\Re(\alpha)$ der zugehörige Kreisteilungskörper, ferner $\mathfrak{p}$ ein beliebiges zu p primes Primideal desselben, so besteht für jede ganze Zahl ω des Körpers die Kongruenz

$$\omega^{N(\mathfrak{p})-1} - 1 = \prod_{i=1}^{p-1}\left(\omega^{\frac{N(\mathfrak{p})-1}{p}} - \alpha^i\right) \equiv 0 \quad (\text{mod. } \mathfrak{p}),$$

also für einen bestimmten Wert des Exponenten i aus der Reihe $1, 2, \cdots, p-1$ die Kongruenz

$$\omega^{\frac{N(\mathfrak{p})-1}{p}} \equiv \alpha^i \quad (\text{mod. } \mathfrak{p});$$

diese Potenz von α heißt der Potenzcharakter von ω in bezug auf $\mathfrak{p}$, und wird durch das, dem Legendreschen Symbol in der Theorie der quadratischen Reste analoge Symbol

$$\alpha^i = \left(\frac{\omega}{\mathfrak{p}}\right)$$

bezeichnet. Man setzt

$$\left(\frac{\omega}{\alpha^h\,\mathfrak{p}}\right) = \left(\frac{\omega}{\mathfrak{p}}\right)$$

und allgemeiner, wenn $\mathfrak{p}, \mathfrak{q}, \mathfrak{r}, \cdots$ irgendwelche Primideale bedeuten,

$$\left(\frac{\omega}{\mathfrak{p}\,\mathfrak{q}\,\mathfrak{r}\cdots}\right) = \left(\frac{\omega}{\mathfrak{p}}\right)\cdot\left(\frac{\omega}{\mathfrak{q}}\right)\cdot\left(\frac{\omega}{\mathfrak{r}}\right)\cdots$$

und somit ist offenbar

$$\left(\frac{\omega}{\mathfrak{p}^p}\right) = \left(\frac{\omega}{\mathfrak{p}}\right)^p = 1,$$

auch wird

$$\left(\frac{\omega}{\mathfrak{p}}\right) = \left(\frac{\omega'}{\mathfrak{p}}\right)$$

---

[1] Sitzungsber. d. Wiener Akad. d. Wissenschaften 121.

sein, sooft $\omega \equiv \omega'$ (mod. p). Für dies Symbol besteht ein allgemeines Reziprozitätsgesetz, von welchem ein Spezialfall, der von **Eisenstein** bewiesen worden ist, folgendes besagt:

Wenn r eine ganze, durch p nicht teilbare Zahl, und γ eine zu r prime, primäre[1] Zahl ist, so ist stets

$$\left(\frac{\gamma}{r}\right) = \left(\frac{r}{\gamma}\right),$$

und da jede rationale Zahl auch primär ist, so gilt diese Gleichheit auch für jedes Paar relativ primer rationaler Zahlen γ, r, und der Wert beider Symbole ist 1.

Dies vorausgeschickt, nehmen wir an, die Gleichung

$$x^p + y^p + z^p = 0$$

habe eine Lösung in, durch p nicht teilbaren (primären) Zahlen x, y, z; aus Nr. 38 wissen wir, daß dann jede der Zahlen $x + \alpha^i y$ die p^{te} Potenz eines Ideals ist, und folgern also aus den obigen Gesetzen für jede zu $x + \alpha^i y$ prime ganze Zahl ω des Körpers $\Re(\alpha)$ die Gleichung

$$\left(\frac{\omega}{x + \alpha^i y}\right) = 1.$$

Der Nenner dieses Symbols wird primär, wenn man ihn durch

$$x \cdot \alpha^y + y \cdot \alpha^{-x} \equiv x(1 - y\mathsf{A}) + y(1 + x\mathsf{A}) \equiv x + y \quad (\text{mod. } \mathsf{A}^2)$$

ersetzt, wo in Übereinstimmung mit Nr. 35 $\mathsf{A} = 1 - \alpha$ gesetzt ist; wird also für ω eine rationale Zahl r gewählt, so folgt nach **Eisensteins** Satz

$$(202) \qquad \left(\frac{r}{x\alpha^y + y\alpha^{-x}}\right) = \left(\frac{x\alpha^y + y\alpha^{-x}}{r}\right) = 1.$$

Jetzt bedeute r einen Primfaktor von x; die vorige Gleichung reduziert sich auf

$$(203) \qquad \left(\frac{y\alpha^{-x}}{r}\right) = \left(\frac{y}{r}\right) \cdot \left(\frac{\alpha^{-x}}{r}\right) = \left(\frac{\alpha^{-x}}{r}\right) = \left(\frac{\alpha}{r}\right)^{p-x} = 1.$$

---

[1] Über die Bezeichnung „primär" s. S. 103, Anm.

Gehört nun r (mod. p) zum Exponenten f und ist dann $p - 1 = ef$, so zerfällt r im Kreisteilungskörper in e Primideale, deren Normen alle gleich r^f sind; demnach folgt

$$\left(\frac{\alpha}{r}\right) = \alpha^{e \cdot \frac{r^f - 1}{p}},$$

oder, da leicht

$$e \cdot \frac{r^f - 1}{p} \equiv \frac{r^{ef} - 1}{p} = \frac{r^{p-1} - 1}{p} \quad (\text{mod. } p)$$

gefunden wird,

$$\left(\frac{\alpha}{r}\right) = \alpha^{\frac{r^{p-1} - 1}{p}};$$

wodurch, da $p - x$ prim ist gegen p, aus (203) die Gleichung

$$\alpha^{\frac{r^{p-1} - 1}{p}} = 1,$$

d. h. die Kongruenz

$$\frac{r^{p-1} - 1}{p} \equiv 0 \quad (\text{mod. } p)$$

hervorgeht. Somit ergibt sich der Satz:

Hat die Fermatsche Gleichung eine Auflösung in ganzen, durch p nicht teilbaren Zahlen x, y, z, so muß jeder Primfaktor r von x — oder, da x, y, z die gleiche Rolle haben — jeder Primfaktor r einer der Zahlen x, y, z die Bedingung erfüllen

$$(204) \qquad r^{p-1} \equiv 1 \quad (\text{mod. } p^2).$$

Da nun eine der Zahlen x, y, z jedenfalls gerade ist, so ergibt sich sofort das **Wieferichsche Kriterium**

$$2^{p-1} \equiv 1 \quad (\text{mod. } p^2).$$

Aber es folgen aus dem **Furtwänglerschen** Satze auch **Kriterien** von der Art der Sätze **Legendres**, wie sie in Nr. 22 mitgeteilt worden sind. Ist insbesondere $\pi = 2p + 1$ eine Primzahl, so sind x^p, y^p, x^p kongruent mit 0 oder ± 1 (mod. π), je nachdem bzw. x, y, x durch π teilbar sind oder nicht; die Kongruenz $x^p + y^p + x^p \equiv 0$

(mod. π) und daher auch die Gleichung $x^p + y^p + z^p = 0$ kann folglich nur stattfinden, wenn π Primteiler einer der Zahlen x, y, z ist. Wären dann also diese Zahlen durch p nicht teilbar, so müßte nach **Furtwänglers** Satze

$$\pi^{\nu} \equiv \pi \quad (\text{mod. } p^2),$$

d. h.

$$(2p + 1)^{\nu} \equiv 2p + 1 \quad (\text{mod. } p^2)$$

sein, was doch nicht möglich ist, da vielmehr

$$(2p + 1)^{\nu} \equiv 1 \quad (\text{mod. } p^2)$$

ist. Also kann die **Fermat**sche Gleichung in der gemachten Voraussetzung eine solche Lösung nicht haben.

Wenn sie andererseits eine Lösung hätte, bei welcher keine zwei der Zahlen x, y, z kongruent sind (mod. p), also $x - y$ prim ist zu p, so läßt sich ähnlich wie der erste **Furtwänglersche** Satz der andere beweisen, daß für jeden Primteiler r von $x + y$ oder $x - y$ wieder die Kongruenz (204) stattfinden muß.

Ist nun $r = 3$, so kann die Gleichung $x^{\nu} + y^{\nu} + z^{\nu} = 0$ nur bestehen, wenn $x + y + z \equiv 0$ (mod. 3), also entweder eine der Zahlen x, y, z durch 3 teilbar, oder alle drei einander kongruent (mod. 3) sind, d. h., wenn 3 ein Primteiler von einer der Zahlen x, y, z oder von $x - y$ ist; und wären dann x, y, z durch p nicht teilbar und keine zwei von ihnen kongruent (mod. p), so müßte nach dem ersten bzw. nach dem zweiten **Furtwänglerschen** Satze

$$3^{p-1} \equiv 1 \quad (\text{mod. } p^2),$$

also das Kriterium von **Mirimanoff** erfüllt sein.

50. Kehren wir für einen Augenblick zum Ausgangspunkte der letzten Betrachtungen, den **Kummer**schen Kongruenzbedingungen (160) noch einmal zurück. Aus ihnen folgt, daß, wenn a, b, c eine Lösung der **Fermat**schen Gleichung in ganzen, durch p nicht teilbaren Zahlen wären, je zwei derselben die Kongruenz

$$\frac{d_0^{p-2s} \log (x + e^v y)}{d\,v^{p-2s}} \equiv 0 \quad (\text{mod. } p)$$

befriedigen müßten, sobald die Bernoullische Zahl B_s durch p nicht teilbar ist. In einer zweiten Arbeit hat Furtwängler[1] gezeigt, daß diese Voraussetzung über die Bernoullische Zahl durch eine andere Bestimmung ersetzt werden kann, die unmittelbar aus den Eigenschaften des zum Primzahlexponenten p gehörigen Kreisteilungskörpers $\Re(\alpha)$ entnommen ist. Kommt man nämlich überein, von einem Ideale q desselben, dessen p^{te} Potenz zur Hauptklasse gehört, so daß, unter γ eine ganze Zahl in $\Re(\alpha)$ verstanden, $q^p = g\gamma$ gesetzt werden kann, zu sagen: es gehöre zum Exponenten n (mod. A), wenn zwar $\gamma \equiv r$ (mod. A^n), aber nicht mehr $\eta\gamma \equiv r'$ (mod. A^{n+1}) ist, wo η eine Einheit, r. r' aber rationale Zahlen sind, so hat Furtwängler folgenden Satz bewiesen:

Es seien ξ, η, ζ drei ganze Zahlen in $\Re(\alpha)$, welche die Fermatsche Gleichung erfüllen, und

$$\xi \equiv a. \quad \eta \equiv b, \quad \zeta \equiv c \quad (\text{mod. A}),$$

wo a, b. c rational, so müssen je zwei der Zahlen a, b, c die Kongruenz

$$(205) \qquad \frac{d_0^{2i+1}\log(x + e'\,y)}{d\,v^{2i+1}} \equiv 0 \quad (\text{mod. } p)$$

erfüllen, sobald in $\Re(\alpha)$ kein Ideal q vorhanden ist, das im angegebenen Sinne (mod. A) zum Exponenten $2i + 1$ gehört.

Die Darstellung dieses Beweises würde aber so ausführliche Erörterungen und Betrachtungen aus der Theorie des Kreisteilungskörpers erfordern, daß es für uns nicht angeht, ihn hier wiederzugeben. Wir begnügen uns daher damit, eine einfache Folgerung aus dem Satze zu ziehen. Bei dem Beweise des Satzes von Mirimanoff in Nr. 41 hat sich gezeigt, daß die Kongruenz (205) für die Werte $i = 1, 2, 3, 4$ von den Zahlen a, b, c nicht befriedigt werden kann. Die dort angegebenen Ausnahmen erledigen sich durch die Kummerschen Sätze. Daher schließt man den Satz: Gibt es im Körper $\Re(\alpha)$ nicht zu jedem der Exponenten 3, 5, 7, 9 ein (mod. A) zugehöriges Ideal, so ist die Fermatsche Gleichung in ganzen Zahlen desselben unlösbar.

---

[1] Nachrichten der Göttinger Gesellschaft der Wissensch. 1910, S. 554.

Gleiche Beschränkung ist notwendig für uns, und in noch weit höherem Grade, bezüglich der Untersuchungen von Bernstein und von Hecke[1], durch welche der erstere die Unmöglichkeit der Fermatschen Gleichung im Falle I sowohl, als im Falle II für nicht reguläre Primzahlexponenten p, die aber anderen, näher von ihm angegebenen besonderen Voraussetzungen genügen, der zweite aber ihre Unlösbarkeit durch ganze algebraische Zahlen aus besonders gearteten Kreisteilungskörpern nachgewiesen hat. Diese Untersuchungen setzen die vollste Vertrautheit mit den höheren Teilen der Körpertheorie voraus, und würden sonst, ohne diese hier ausführlich zu entwickeln, nicht wohl verständlich zu machen sein.

51. Endlich müssen wir noch der Arbeiten von **Maillet** gedenken, in denen derselbe, statt der Gleichung $x^p + y^p = z^p$, die allgemeinere Gleichung

$$x^p + y^p = C \cdot z^p$$

für beliebige Werte des Koeffizienten C in bezug auf ihre Lösbarkeit in ganzen Zahlen untersucht hat[2].

Er leitet vor allem ganz nach dem Muster und mit geringen Modifikationen des Beweises, durch welchen **Kummer** seinen Satz in Nr. 37 erhalten hat, folgenden allgemeineren Satz her: Sei p eine reguläre Primzahl, μ eine positive ganze Zahl, β gleich 0 oder 1, und α eine p^{te} Einheitswurzel, $\Re(\alpha)$ der von ihr erzeugte Kreisteilungskörper, $E(\alpha)$ eine Einheit und A eine ganze Zahl desselben, welche aus höchstens $p - 3$ verschiedenen Primidealfaktoren zusammengesetzt ist, so ist die Gleichung

$$(206) \qquad u^p + v^p = E(\alpha) \cdot (1 - \alpha)^{p\mu - \beta} \cdot A w^p$$

in ganzen Zahlen des Körpers $\Re(\alpha)$ unlösbar.

Eine unmittelbare Folgerung aus diesem allgemeinen Satze aber ist der folgende: Sei $\beta = 0$ oder 1, $kp + \beta > 0$, A eine rationale

---

[1] **Bernstein**, Nachr. d. Göttinger Ges. d. Wissensch. 1910, S. 482 und 507; **Hecke**, ebendas. S. 420.

[2] Es kommen hier hauptsächlich in Betracht die Abhandlungen in Acta Math. 24, S. 247 und in Annali di Math. (3) 12, p. 145.

Zahl, die aus den unter sich und von p verschiedenen Primzahlen q_1, q_2, $\cdots q_n$ zusammengesetzt ist, welche (mod. p) zu den Exponenten f_1, f_2, $\cdots f_n$ bzw. gehören mögen, so ist die Gleichung

$$(207) \qquad x^p + y^p = A \cdot p^{kp+\beta} \cdot z^p$$

in rationalen ganzen Zahlen unmöglich, wenn p eine reguläre Primzahl, und

$$\sum_{i=1}^{n} \frac{1}{f_i} \lesseqgtr \frac{p-3}{p-1}$$

ist. Denn, da q_i sich in $\Re(\alpha)$ aus $\dfrac{p-1}{f_i}$ verschiedenen Primidealfaktoren zusammensetzt, so beträgt die Anzahl der verschiedenen Primidealfaktoren von A unter der gemachten Voraussetzung höchstens $p-3$; $p^{kp+\beta}$ aber ist, da p aus $p-1$ Faktoren $1-\alpha$ besteht, gleich $(1-\alpha)^{(pk+\beta)(p-1)}$, und der Exponent

$$(kp + \beta)(p - 1) \equiv -\beta \quad (\text{mod. } p)$$

ist von der Form $\mu p - \beta$, also befindet sich die Gleichung (207) im Falle der Gleichung (206), und ist sogar allgemeiner in ganzen Zahlen des Körpers $\Re(\alpha)$ unlösbar.

Dieser Satz erweist sich nun als Quelle, aus der eine unerschöpfte Menge von speziellen Sätzen über die Unmöglichkeit solcher und ähnlicher Gleichungen hervorgeht. Maillet teilt deren eine größere Anzahl mit, z. B., daß die Gleichung

$$x^7 + y^7 = c\,z^7$$

unmöglich ist, wenn c von einer der folgenden Formen ist:

$$49k \pm 3, \quad \pm 4, \quad \pm 5, 6, \quad -8, \quad \pm 9, \quad \pm 10, \quad -15,$$
$$\pm 16, \quad -22, \quad \pm 23, \quad \pm 24.$$

Allgemein folgt aber aus dem Hauptsatze: Die Gleichung

$$x^p + y^p = p \cdot z^p$$

ist für reguläre p in ganzen Zahlen x, y, z von $\Re(\alpha)$ unlösbar. Da man nämlich x, y, z zu je zweien relativ prim voraussetzen darf, kann höchstens z durch $1-\alpha$ teilbar sein; ist es dann genau durch $(1-\alpha)^k \,(k \gtreqless 0)$ teilbar, so hat die Gleichung die Form

$$x^p + y^p = E(\alpha) \cdot (1-\alpha)^{kp+p-1} \cdot z_1^{p},$$

wenn $x = (1 - \alpha)^k \cdot x_1$ gesetzt wird, woraus nach dem Hauptsatze sich die Behauptung des Satzes unmittelbar ergibt.

Auch in anderer Weise noch hat Maillet das Fermatproblem verallgemeinert, indem er die Lösbarkeit der Gleichung

$$x^{p^n} + y^{p^n} + z^{p^n} = 0$$

in Untersuchung gezogen hat. Doch können wir der Kürze wegen den wißbegierigen Leser nur auf die interessante Originalarbeit[1] selbst verweisen. —

52. Wenn wir nun unsere Darlegungen rückschauend überblicken, so dürfen wir wohl staunen, welch gewaltigen Aufwand an geistiger Arbeit das Fermatproblem schon gekostet hat, ohne daß es gelungen wäre, seine Lösung zu finden, welche Fermat, wenn er nicht in seinen Schlüssen sich getäuscht hat, nur wie durch eine glückliche Eingebung offenbar geworden sein kann. Fragen wir nach dem Gesamtergebnis solcher Arbeit, so ist die Fermatsche Behauptung bisher nur für diejenigen Primzahlexponenten vollständig erwiesen, welche wir als reguläre Primzahlen gekennzeichnet haben, oder die gewissen andern von Kummer u. A. angegebenen Bedingungen genügen; aber es steht noch dahin, ob die Anzahl solcher Primzahlen nicht vielleicht nur eine geringe endliche, oder ob ihrer unendlich viele sind; und wenn auch das letztere der Fall sein sollte, ist noch in Frage, ob die übrigen Primzahlen auch noch eine unendliche Menge bilden, oder sich als eine endliche Menge von Ausnahmezahlen charakterisieren, die leicht zu erledigen wären. Sonst ist der Fall II der Fermatschen Gleichung, bei dem vermutlich die Anwendung der Methode einer descente infinie erst zur Geltung kommen würde, noch gar nicht in Betracht gezogen, und für den Fall I derselben sind nur eine Reihe verschiedener Bedingungen ermittelt, denen der Primzahlexponent p genügen muß, damit die Gleichung möglicherweise eine Lösung x, y, z dieses Falles haben könne, und, jenen Bedingungen entsprechend, gewisse Kategorien von Primzahlen, für welche eine solche Lösung der Gleichung unmöglich ist. Wie immer aber diese notwendigen Bedingungen auch noch gehäuft werden, man wird die Unmöglichkeit

---

[1] Association française pour l'avancement des Sciences, St-Etienne, sess. 26, 1897, 2me partie, p. 156.

der Gleichung in solchen Zahlen x, y, z überhaupt nicht beweisen, wenn nicht die einer von jenen Bedingungen entsprechende Kategorie von Primzahlexponenten eben die Gesamtheit aller Primzahlen ausmacht.

In neuerer Zeit hat Fueter dem Fermatproblem eine Fassung gegeben, die, an sich betrachtet, als eine glückliche bezeichnet werden darf. Eingedenk wohl des Fortschrittes, den es der Lehre von den algebraischen Gleichungen brachte, als man, statt Beweise zu suchen dafür, daß die allgemeinen Gleichungen höheren Grades nicht algebraisch auflösbar seien, die Frage so stellte: Welches sind die algebraisch auflösbaren Gleichungen jeden Grades? — so fragt sich Fueter: Wie beschaffen muß ein Zahlenkörper sein, damit die Fermatsche Gleichung in ganzen Zahlen desselben eine Lösung zulasse? Ist diese Frage beantwortet, so bedarf es nur noch der Untersuchung, ob der Körper der rationalen Zahlen diese Beschaffenheit hat oder nicht, und in letzterem Falle wäre der Beweis für das Fermatsche Theorem erbracht. Und Fueter hat in seiner bezüglichen Arbeit[1] einen sehr eleganten Satz dieser Art schon bewiesen, nämlich den Satz: Damit die Diophantische Gleichung

$$\xi^3 + \eta^3 + \zeta^3 = 0$$

in ganzen Zahlen eines quadratischen imaginären Körpers $\Re(\sqrt{-m})$ lösbar sei, muß die Klassenzahl des Körpers durch 3 teilbar sein. Indessen ist mit solchen Sätzen, die sich nur auf einen gegebenen Exponenten p und auf eine besondere Art Zahlenkörper beziehen, für den beabsichtigten Zweck wenig erreicht, zu welchem eben für jeden Exponenten p und alle Zahlenkörper die gedachte Frage zu stellen wäre; und die Benutzung sehr tief liegender Sätze der Körpertheorie, welche die Fuetersche Arbeit als notwendig erkennen läßt, und es unmöglich macht, hier eine auch nur skizzierende Wiedergabe derselben zu versuchen, zeigt schon, mit welch großen Schwierigkeiten die Beantwortung jener Fragen es zu tun haben würde.

Es ist begreiflich, daß das Fermatproblem als Einzelaufgabe, losgelöst von jeder allgemeineren Theorie, einer Lösung Widerstand leistet.

---

[1] Sitzungsber. der Akad. der Wissensch. zu Heidelberg 1913: die Diophantische Gleichung
$$\xi^3 + \eta^3 + \zeta^3 = 0.$$

Seiner eigentlichen Natur nach gehört es zu einem Gebiete, welches von der zahlentheoretischen Forschung, abgesehen etwa von den zerlegbaren Formen dritten Grades, bisher noch fast gar nicht in Angriff genommen wurde: zur Theorie der ternären Formen höheren Grades[1]. Wird diese erst entwickelt und weit genug gefördert sein, so dürfte auch das Fermatproblem seine naturgemäße und vollkommene Lösung finden und sich als ein einfaches Korollar aus dem Zusammenhange mit allgemeineren Sätzen dieser Theorie ergeben, ähnlich wie die Lösung der unbestimmten Gleichung

$$a x^2 + b y^2 + c z^2 = 0$$

aus der Theorie der ternären quadratischen Formen. Und gelingt es auch inzwischen, einen direkten Beweis der Fermatschen Behauptung zu gewinnen, so dürften doch die tieferen, eigentlichen Gründe derselben sich schwerlich darin enthüllen. —

———

Bemerkung zu Nr. 8a.

Zum Schluß von Nr. 8a ist noch ergänzend zu bemerken, daß die dort angegebene Lösung der Gleichung

$$\frac{9\,a^3}{2} = 3\,q\,(p + q)(p - q)$$

die einzig zulässige ist; denn die allein noch mögliche zweite Lösung

$$q = 4\,\alpha^3, \quad p \pm q = 3\,\beta^3, \quad p \mp q = 3\,\gamma^3$$

gäbe eine Auflösung

$$x = \gamma, \quad y = \pm 2\,\alpha, \quad z = \beta$$

der Gleichung

$$x^3 + y^3 = 3\,z^3,$$

in welcher z, also auch die Zahl a, ungerade wäre, was bereits als unzulässig nachgewiesen worden ist. —

---

[1] S. dazu A. Hurwitz, Über ternäre diophantische Gleichungen dritten Grades, Naturf.-Gesellsch. Zürich 1917, S. 207; Reppo Levi, Saggio per una teoria aritmetica delle forme cubiche ternarie, Accad. Torino 1906/8.